精选一批有特色的选修课、专题课与有影响的演讲，以课堂录音为底本，整理成书时秉持实录精神，不避口语色彩，保留即兴发挥成分，力求原汁原味的现场氛围。希望借此促进校园与社会的互动，让课堂走出大学围墙，使普通读者也能感知并进而关注当代校园知识、思想与学术的进展动态和前沿问题。

三联讲坛

This series covers a great array of college courses and speeches, selected for their intellectual distinction and scholarly excellence. The lectures were transcribed from classroom recordings and retain their stylistic character as they were originally delivered. Our hope is to open the college classroom to the outside world and add a new dimension to the interaction between university and society. The point is not only for the common reader to get in touch with the cutting-edge ideas on campuses, but also for the academia's search for knowledge to become more meaningful by engaging people from the "real world".

三联讲坛

本书由北京市科学技术委员会科普专项经费资助

田松 著

科学史的起跳板

生活·讀書·新知 三联书店

Copyright © 2020 by SDX Joint Publishing Company.
All Rights Reserved.

本作品版权由生活·读书·新知三联书店所有。
未经许可，不得翻印。

图书在版编目（CIP）数据

科学史的起跳板／田松著．—北京：生活·读书·新知三联书店，2020.6
（三联讲坛）
ISBN 978-7-108-06652-7

Ⅰ.①科⋯　Ⅱ.①田⋯　Ⅲ.①科学史－研究　Ⅳ.① G3

中国版本图书馆 CIP 数据核字（2019）第 160219 号

责任编辑	徐国强
装帧设计	康　健
责任印制	徐　方
出版发行	生活·讀書·新知 三联书店
	（北京市东城区美术馆东街 22 号 100010）
网　　址	www.sdxjpc.com
经　　销	新华书店
印　　刷	北京隆昌伟业印刷有限公司
版　　次	2020 年 6 月北京第 1 版
	2020 年 6 月北京第 1 次印刷
开　　本	787 毫米 × 1092 毫米　1/16　印张 13.75
字　　数	185 千字　图 36 幅
印　　数	0,001-6,000 册
定　　价	42.00 元

（印装查询：01064002715；邮购查询：01084010542）

缘　起

　　对于孟子而言，"得天下之英才而教育之"乃人生乐事之一；对于学子来说，游学于高等学府，亲炙名师教泽，亦是人生善缘。惜乎时下言普及高等教育尚属奢望，大学一时还难望拆除围墙，向社会开放课堂。有鉴于此，我社精选一批有特色的选修课、专题课与有影响的演讲，据现场录音整理成书，辑为"三联讲坛"文库，尝试把那些精彩的课堂，转化为纸上的学苑风景，使无缘身临其境的普通读者，也能借助阅读，感知并进而关注当代校园知识、思想与学术的进展动态和前沿问题。

　　一学校有一学校之学风，一学者有一学者之个性。"三联讲坛"深望兼容不同风格之学人，并取人文社科诸专业领域，吸纳自成一家之言之成果，希望以此开放格局与多元取向，促进高校与社会的互动，致力于学术普及与文化积累。

　　作为一种著述体例，"三联讲坛"文库不同于书斋专著：以课堂录音为底本，整理成书时秉持实录精神，不避口语色彩，保留即兴发挥成分，力求原汁原味的现场氛围。作者如有增删修订之补笔或审阅校样时之观点变易、材料补充，则置于专辟的边栏留白处，权作批注；编者以为尤当细味深究或留意探讨的精要表述，则抽提并现于当页的天头或地脚。凡此用意良苦处，尚望读者幸察焉。

　　"三联讲坛"文库将陆续刊行，祈望学界与读者并力支持。

生活・读书・新知三联书店
二〇〇二年五月

目 录

前言·· 1

第一讲 历史的本来面目·· 1
  1. 历史有一个本来面目吗?·· 1
  2. 每片叶子都曾长在一棵树上
    ——我们能看到的历史,首先是写出来的历史············ 8
  3. 描述"缺省配置"是一项基本功·································· 13
  4. 两种思考方法:跳高与潜水——"向前走"与"向后看"······ 18
    课堂讨论片段Ⅰ·· 21
  5. 过去的事情如何确定:史学的工作假设························ 24
    课堂讨论片段Ⅱ·· 27
  6. 插曲:宇宙大爆炸是一个历史事件吗?······················ 29
  7. 上帝视角与天眼假设·· 34
    课堂讨论片段Ⅲ·· 36
  8. 辉格史的魔咒·· 38

9. 哪些是我们看到的，哪些是我们的理论和想象……41

第二讲　历史的细节……44

1. 从一篇神秘的公号文章说起……44

2. 细节与魔鬼……46

　　课堂讨论片段 IV……48

3. 细节决定成败：逃离德黑兰……49

4. 从鸽子窝到诺贝尔奖……55

5. 诺贝尔奖的不对称……62

6. 被追认的遗传学之父……64

7. 作为快变量的细节：甲午海战的哑炮……67

8. 慢变量的蝴蝶效应：古罗马的铅酒壶……70

第三讲　历史的再阐释……74

1. 引子：科学主义的两大堡垒……74

2. 宏大叙事的逻辑破绽：化肥农药与人口膨胀的次序……77

3. 李比希与化肥的前史……80

4. 化肥、农药与战争、屠杀……83

5. 闪耀后世的克拉拉……86

6. 从毒气、炸药到化肥、农药……91

7. 作为科学伦理、和平主义和女性主义象征的克拉拉……95

8. 编史纲领与所写的历史是相互建构的……………………97

第四讲　历史的功能…………………………………………101
　　　1. 以史为鉴与无用之学…………………………………101
　　　2. 历史是必然的吗？……………………………………104
　　　　　课堂讨论片段Ⅴ…………………………………………106
　　　3. 车与船：不确定性中的稳定性………………………110
　　　　　课堂讨论片段Ⅵ…………………………………………114
　　　4. 历史告诉我们自己是谁：身份认同…………………115
　　　　　课堂讨论片段Ⅶ…………………………………………116
　　　5. 历史是价值观的塑造…………………………………119
　　　6. 主动拒绝现代化的阿米什人…………………………121
　　　7. 博物学编史纲领：一种新的价值观…………………124

第五讲　历史作为依据………………………………………128
　　　1. 从长时段尺度看………………………………………128
　　　2. 叶子与树同时生长：概念与理论……………………130
　　　3. 依据，解释；合理性，说服力………………………138
　　　4. 作为依据的神谕………………………………………140
　　　5. 明天太阳是否依然升起：确定性的心理安慰………141
　　　　　课堂讨论片段Ⅷ…………………………………………144

6. 经验依据与历史依据何以可能? ………………………… 146

7. 历史依据作为方法 ……………………………………… 152

8. 依据的权重 ……………………………………………… 156

9. 历史中稳定的生活 ……………………………………… 158

10. 用历史超越科学 ………………………………………… 160

  课堂讨论片段Ⅸ ……………………………………… 161

第六讲 科学史的学术地图 ……………………………… 163

1. 自然辩证法与科学技术哲学 …………………………… 163

2. 作为科学的中国科学史 ………………………………… 169

3. 作为科学的中国天文学史 ……………………………… 172

4. 中国的科学史学科建制 ………………………………… 175

5. 美国的科学史队伍，以及STS ………………………… 177

6. 科学史的传统：萨顿与李约瑟 ………………………… 180

7. 科学史的分流与合流 …………………………………… 184

8. 中国科学史的学术地理 ………………………………… 187

9. 科学史基础读物推荐 …………………………………… 191

  课堂讨论片段Ⅹ ……………………………………… 195

10. 走出科学史，走向文明史 ……………………………… 196

后　记 …………………………………………………………… 203

前　言

2016年秋季学期，刘孝廷教授邀请我与他共同为我所在专业的博士生开一门科学史课程，我思考再三，决定不去讲科学史本身，而是与大家讨论科学史和历史的基本问题和基础问题。

科学哲学和科学史这个领域有很多特殊性。比如，这是个交叉学科，是以科学技术为对象的哲学、历史和社会学研究，所以要求这个领域的学者文理兼通。在历史上，我们这个领域早期的学者大多是理工科出身。不过，现在在读的青年学生则以文科生居多。

由于是交叉学科，这个专业没有自己的本科生。这就导致所有的学生都要补课，都要学新东西。原来的文科生需要补科学概论，乃至于文史哲；原来的理工科学生，需要补文史哲，也需要补科学史。甚至，博士阶段也是如此。所以这门课的受众非常广泛。

中国人很重视历史，在乎青史留名，对于历史的正说、戏说、演义，一向津津乐道。以往民间说书喜欢讲古、古为今用、以古喻今，在今天的互联网多媒体上，呈现了新的形态，所以有《明朝那些事儿》《量子物理史话》《人类简史》在畅销，连不是历史读物的《时间简史》也一度畅销。但是，我们要问：

　　　　人离不开历史，而历史是什么？

历史有一个本来面目吗？
历史是必然的吗？
历史有一个规律吗？
为什么我们喜欢历史？
我们应该怎样对待历史？
我们应该怎样读历史书？
历史有什么用？

在各种历史中，科学史具有其特殊性。有人说过，20世纪之前的历史学家可以写一部通篇不谈科学的历史著作，并且被视为优秀著作，到了20世纪，这已经不可能了。科学及其技术改变了我们生存的世界，以及我们看待世界的基本方式，甚至，包括我们看待历史的基本方式。以科学及其技术为基础的工业文明，在20世纪这一百年来，尤其是"二战"结束至今，造成了全球性的环境危机与生态危机。科学无疑成为我们今天这个时代最重要的东西之一。那么，科学是什么，如何看待科学，这恰恰是历史（科学史）所要给出回答的。然而，与其他门类的历史相比，科学史这门学科，又恰恰是非常晚的，晚到只有五十年左右的历史。

科学史是什么？
科学史有什么用？
科学史是历史的一个分支，还是历史的一种写法？
科学史与科学哲学、科学社会学有什么关系？
科学史和技术史呢？

这些问题，都是关于科学史和历史的基本问题、元问题，然而，不仅普通读者，就连本专业的学生，也未必有过深入的思考和反省。而这些，是学习科学史以及从事科学史学术工作的基础。利用这次课程机会，我把多年来对这些问题的体会与同学们分享。其中有些内容零散发表过，而这是第一次集中讨论。

我一共讲了五次，请一家速记公司把录音转换成了文字，又请杨雪泥同学做了校对，于是就有了一份讲稿。讲稿中还包括了同学们的提问与对话。这些提问对我是非常重要的，由此我可以知道同学们的困惑在哪里。有些问题是我曾经思考过的，重新回答一次，也有新的体会；也有些问题，让我感到意外，促使我思考。在讲课中看到自己的盲点，这便是讲课的乐趣。

这份录音稿就成了本书的底稿。在此底稿之上，我做了较大幅度的改动，主要改动如下：

（1）调整了各部分内容的次序，使之更有条理；

（2）补写了若干片段，删除了若干片段——满怀不忍地删除了大量与同学们的对话，但还是很自恋地保留了一些对话；

（3）补充了大量细节，比如重要人物的原名，并对去世者标注生卒年以示纪念，给出了重要著作的原名和出版信息，以及必要的注释；

（4）增补几十幅图片。

书稿整理之时，觉得这些内容应该不只有本专业内的同学感兴趣。所谓"外行看热闹，内行看门道"，普通读者也会有一部分不满足于看"热闹"，愿意看看科学史和历史的"门道"。如何更好地面向普通读者，也是我整理、扩充这部小书的一个动力。

在讨论这些问题的时候，难免会举例子。我采用的大量案例都来自科学史。所以这部小书也包括对科学史上一些常见问题的讨论，尤其是，会提供针对同一问题的不同视角，也会提供一些不大为人所知的细节。熟悉这部分内容的读者，能够感受到从不同视角看历史的乐趣，也可能会为新的细节而感到意外、吃惊，乃至震撼。

阿西莫夫曾说："你不一定要从事科学研究，但是不妨碍你欣赏科学中的美。"我也想说，你不一定要从事科学史或历史研究，但是，了解这些问题可以帮助你看到科学史和历史的"门道"，并且能够帮助你获得历史的眼光、历史的视野！

  用历史的眼光和视野重新审视我们身边的事物，审视我们以为熟悉的事物，你会看到一个新的世界。

2017年10月16日
于采石路观云塘

第一讲 历史的本来面目

哥白尼通过家庭关系谋得了一个教堂管理人的职位（教士），他一生的大部分时间都生活在当时科学文明的边缘。他看起来十分胆怯，服从权贵，怎么也不像那种会发起什么革命的人。

宗教裁判所的一位官员以私人身份到囚室与伽利略商量妥协办法。他劝说伽利略要识时务，如果承认犯了错误，可以得到从宽发落。在接下来的开庭中，伽利略知趣地承认自己疏忽大意，而且过于"骄傲自负"。带着耻辱，伽利略在审讯结束后，回到宗教裁判所的囚室，还得自愿为他的《对话》再补写"一天"，让内容"真正摆平"。[1]

1. 历史有一个本来面目吗？

"历史的本来面目"是一个常见的短语，人们顺口就会说出来。常常有人指责他人"歪曲历史"，并宣称要"恢复历史的本来面目"；而被指责的人，如果能够反驳的话，也会宣称要"捍卫历史的本来面目"；可能还有另外一些人说，他们都在"歪曲历史"。

那么，什么是历史的本来面目？历史有没有一个本来面目？如果有，

---

[1] 麦克莱伦第三、哈罗德·多恩，《世界史上的科学技术》，上海科技教育出版社，2003年，第241、271页。

我们怎么能够获得？如果没有，我们该怎样看历史，历史的意义又是什么？在什么意义上，我们可以达成对历史的共识？

与这个问题相关的，还有这些问题：历史有没有规律？历史有什么用？历史的功能是什么？科学史有哪些特殊性？我们为什么要研究科学史？……

在思考过这些问题之后，再去读历史，就会品出不一样的味道。比如前人读《史记》，霸王别姬回肠荡气，李清照诗云："至今思项羽，不肯过江东。"人们大概相信，那就是"历史"。不过，也有人提出这样的问题：霸王与虞姬两个人的私房话，司马迁是怎么知道的？这个问题一提出来，我们所看到的历史就不一样了。

在这里，我们简单地说，至少有三个历史。一个是司马迁写的历史，一个是我们看到的历史，还有一个是人们想象中的"本来面目"的历史。这三个历史，显然是不一样的。

通常我们说，从古希腊算起，科学的历史已经有两千多年了。但是，科学史作为一门学科，如果从乔治·萨顿（George Sarton, 1884—1956）1912年创办《伊西斯》（*Isis*），或次年该杂志正式出版算起，只有一百多年。

20世纪，国内能看到的科学史方面的著作只有寥寥几种，最权威的要数丹皮尔（W. C. Dampier, 1867—1952）的《科学史，及其与哲学和宗教的关系》。[1]进入21世纪，科学史图书逐渐热起来，不仅有大量引进，也出现了一些国内学者的原创著作。在引进图书中，我一向推荐詹姆斯·麦克莱伦第三（James McClellan Ⅲ）与哈罗德·多恩（Harold Dorn）合著的《世界史上的科学技术》（*Science and Technology in World History*）。[2]中译本在重版的时候，改名为《世界科学技术通史》。[3]书名的变化耐人寻味，以后再说。丹皮尔和麦克莱伦第三这两本书都是通史，基本上都从史前说到了

---

[1] W. C. 丹皮尔，《科学史及其与哲学和宗教的关系》，商务印书馆，1975年。
[2] 麦克莱伦第三、哈罗德·多恩，《世界史上的科学技术》，上海科技教育出版社，2003年。
[3] 麦克莱伦第三、哈罗德·多恩，《世界科学技术通史》，上海科技教育出版社，2007年。

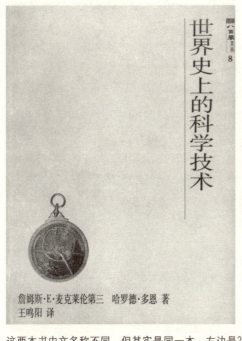 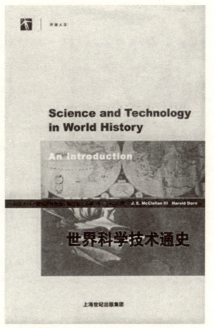

这两本书中文名称不同,但其实是同一本。左边是2003年第一版,右边是2007年再版。第一版的译法与原书名更加吻合

"二战",在内容上应该有高度的重合。但是,把两本书放在一起读就会发现,其写法大相径庭。虽然其中也会说到同一件事、同一个人,但是两者的篇幅、视角、史料的选择、叙事方式,都有巨大的差异。

比如哥白尼(Nicolaus Copernicus,1473—1543)和伽利略(Galileo Galilei,1564—1642),都是科学史上重要的人物,中国人也不陌生,他们的头像经常挂在中小学教学楼的走廊里。在我们的默认看法中,他们有一个相对固定、相对一致的形象。哥白尼追求真理,但是不敢公开得罪教会,临死前才让书稿出版;伽利略追求真理,被罗马宗教裁判所判为有罪,先是坐牢,然后软禁在家。传说,在教廷宣判的时候,伽利略口中则喃喃自语:"地球仍在转动。"对于中小学生来说,这些故事几乎成了标准答案。

丹皮尔笔下的哥白尼和伽利略,与我们所熟悉的形象并不完全一致,

这幅哥白尼最早的肖像版画出现在1587年出版的一本书中，是米雷（Christoph Murer）根据施蒂默（Tobias Stimmer）的一幅素描制作的，素描的作者宣称他的依据是哥白尼的一幅自画像。这成为后世大多数描述哥白尼形象作品的基础
Ⓟ Public Domain

至少没有那么高大。而在麦克莱伦第三那里，对这两位科学巨人的描述，甚至都采用了一种嘲讽的语气。

那么，哪一个哥白尼和伽利略是历史的本来面目，哪一个不是呢？

关于伽利略是否说过那句著名的"地球仍在转动"的话，后世历史学家也是有疑问的。甚至，关于我们所熟知的，伽利略在比萨斜塔上做的实验，也有人说，伽利略并没有做过。这时，又有一种常见的说法会涌上嘴边——历史的迷雾！

我们并不是这段历史的亲历者，我们怎么知道历史上到底发生了什么呢？我们只能阅读史书。而史书都是人写出来的，都是有作者的。现在丹皮尔和麦克莱伦第三的描述有所不同，那么，谁描写的历史更真实？我们该相信谁呢？

20世纪的科学史研究，大大地颠覆了我们默认的科学家形象。

无论是从方法论上，从对历史的探索上，还是从编史学的立场上，把两本书并列起来加以比较，都是一件有意思的事情。我相信大家在阅读的时候，对于同一个章节，不同的读者处于不同的立场、不同的关注点，也会读出来不同的味道。那是不是可以说：有些理解是错误的，有些理解是正确的？

比萨斜塔（本书作者摄于2019年3月11日）

在大多数时候，我尽可能回避"正确""错误"这样的话语方式。什么是"错误"？"错误"总是在一个语境下相对而言的。有一些"错误"相对来说是容易判定的，比如这是一个玻璃杯，如果你说这是一个塑料杯，那么我可以说你错了。这只涉及某种简单的事实陈述，做出对错的判断是相对容易的。对应于历史来说，史实方面的对错相对容易判断，比如伽利略是否真的做过比萨斜塔的实验，可以通过史料的挖掘获得确认。当然，否定的难度要大一些，所谓"说有容易说无难"。在这些相对容易判断的场合，使用"正确""错误"这样的词，大致也是"正确"的。然而，是否在这种情况下，就可以说那些"正确"的陈述就是"历史的本来面目"呢？

更让人不安的是，即使在史实层面上，也会发生这样的事儿：一代史学家确定无疑的事情，被下一代史学家推翻了。

还有一些悬案，人们知道它发生了，但是不知道是怎样发生的，并且永远也不会知道了。比如1941年9月，海森伯（Werner Karl Heisenberg，1901—1976）与玻尔（Niels Henrik David Bohr，1885—1962）在哥本哈根的会面，是科学史上的一件大事。

"二战"之前，丹麦物理学家尼尔斯·玻尔在哥本哈根创建的理论物理研究所是量子物理的圣地，各国量子物理学家纷纷来哥本哈根访问、学习。玻尔被很多人视为量子物理的教父。德国的年轻物理学家海森伯也在哥本哈根学习和工作了很长时间，他的重要工作矩阵力学、测不准关系，都得益于哥本哈根同行，尤其是与玻尔的讨论。玻尔与海森伯不是父子，胜似父子。"二战"爆发之后，形势突变。丹麦被德国占领，玻尔是被占领国的首席科学家。这时海森伯作为占领国的科学家来到丹麦，并专程拜访玻尔。

现在"大致"可以确定的是，玻尔同意了海森伯来访的要求，玻尔、玻尔的夫人玛格丽特，还有海森伯三个人在玻尔的住处见面了，谈了一个小时左右。但是，外人无法知道他们谈了什么。两个人都对这次见面避而不谈，讳莫如深。能够观察到的是，在这次见面之后，玻尔与海森伯的友谊就彻底结束了。不久之后，玻尔逃出了丹麦，前往美国，加入了曼哈顿计划。而海森伯则成为负责为纳粹德国造原子弹的首席科学家。

对于他们谈话的内容，人们有很多"猜测"。比如，海森伯是去劝降，希望玻尔能够与纳粹合作；再如，海森伯是想刺探情报，了解同盟国是否有造原子弹的计划。

英国剧作家迈克尔·弗雷恩（Michael Frayn）写了一部话剧《哥本哈根》[1]，把人们的各种猜测都表现出来，并且提出另一个特殊的可能性：海森伯其实是想跟玻尔谈，你不要帮盟军造原子弹，我也不帮纳粹造原子弹，

---

[1] 该剧创作于1998年，上演后获得普利策、托尼等多个奖项。中国国家话剧院王晓鹰导演在2003年将这部话剧带到中国，2003年10月在北京人艺小剧场首演。中译本曾由上海科学技术出版社于2004年出版，译者是科学史家、玻尔研究专家戈革先生。不过，演出脚本并非戈革先生的译本。

大家都不要造原子弹。

这是史实层面的不确定性。海森伯和玻尔到底谈了什么，我们可以相信存在一个确定的唯一的历史真相，但是，这个真相却是永远不可能获得的。有一个真相，但是永远不能获得，与不存在真相的区别在哪儿呢？这里先留一个悬念，后面再说。

在史论的层面上，更不宜使用"错误"这个词。不同的人视角不同，看到了不同的内容，所谓"仁者见仁，智者见智""横看成岭侧成峰"，谁也不能宣布自己的视角是绝对正确的。麦克莱伦第三这样评价哥白尼：

> 若要真正了解哥白尼和他的工作，我们必须明白，他是最后一位古代天文学家，而不是第一位近代天文学家。哥白尼其实是一个很保守的人，他是回头盯住古希腊的天文学，而不是要向前开拓什么新传统。他是托勒密（Claudius Ptolemaeus，约90—168）的后人，而不是开普勒（Johannes Kepler，1571—1630）和牛顿（Isaac Newton，1643—1727）的前辈。[1]

这种说法，那些习惯于相信"哥白尼革命"的人则会感到意外。

读书就如饮食，食物是有味道的，好的食物应该慢慢品，品出味道。洪七公就骂郭靖如牛嚼牡丹，糟蹋了黄蓉的美食。我们的中小学教育过于功利，大家把读书当作任务，而不是当作享受，或者把所有的书都当作教科书来读，就会失去对书的兴趣，也会丧失对书的味觉。这时，从事人文学术，就变成了一桩苦差事。如果诸位不小心恰恰就是这样的人，那么，第一步，我希望诸位先慢下来，慢慢恢复对书的味觉。一旦读出感觉、品出味道来，书就会越读越有意思。同时，诸位也会有发自内心的属于自己的判断，而不是像备考，只是把书上的内容记下来。

---

[1] 麦克莱伦第三、哈罗德·多恩，《世界史上的科学技术》，第241页。

我在主持讨论的时候，并不代表我已经有一个标准答案了，谁说的话跟我的答案吻合，谁就"正确"。如果那样，就不是讨论了！讨论就是相互激发各自的想法，比较不同的视角。我们每个人都是有盲点的，在讨论中你可能会忽然意识到，原来事情还可能是这样的！那么，你对这件事情的理解一下子就不一样了。你发现了其他人的视角，并且也应该试图理解其他人为什么会有那个视角，那个视角有什么史实的依据，表明了什么史观。他人的视角相当于一个参照物，可以借此以旁观者的角度来审视自己原来的视角。把这两本书放到一起读，可以直接看到，对同一个事件，他们的评价、立场、篇幅都会有差别，而你作为第三者，可以考虑，为什么会有这些差别？同时，又可以反观自身。

回到本章要讨论的问题，什么叫"历史的本来面目"？我们在什么意义上说某个历史是"信史"——可信的历史？

在继续阅读本书之前，我建议诸位暂停一会儿，思考一下"历史的本来面目"这个常见、常说的短语，回想一下，我们自己是怎么理解"历史的本来面目"这件事情的？

2. 每片叶子都曾长在一棵树上
——我们能看到的历史，首先是写出来的历史

这里我要强调几个方法论问题。

自从 C. P. 斯诺（Charles Percy Snow，1905—1980）在1959年发表《两种文化》的演讲[1]以来，人文与科学两种文化成为话题，延续至今。这两种文化有诸多差异，比如在对待知识的态度上就存在着巨大的差异。通常

---

[1]《两种文化》至少有三个中译本。最早的版本是陈恒六、刘兵翻译的，为当时著名的"走向未来丛书"之一种，1987年四川人民出版社出版，书名为《对科学的傲慢与偏见》；1994年生活·读书·新知三联书店出版了纪树立的译本，书名《两种文化》；2003年上海科学技术出版社又出版了陈克艰、秦小虎的译本，书名《两种文化》。

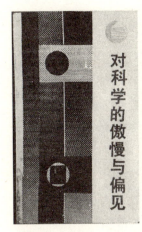  

《两种文化》的三个中译本封面

人们会觉得，科学知识是客观的，人文知识则是主观的。不仅人们这样觉得，大多数科学家自己也这样觉得。这种态度也表现在各自学术文本的写法上。

早年做科学传播研究的时候，我发现了一个现象：传统科普是没有人称的。比如"十万个为什么"，天为什么是蓝的？科普作家在写这件事的时候，不会说"我认为如何如何"，也不会说"某某科学家认为如何如何"，而是不用人称，直接给出答案，仿佛这个答案是从天上掉下来的。那是因为，他相信对于"天为什么蓝"这个问题，有一个唯一正确的科学解释，诸如反射、散射、透射、大气、光谱如何如何。这个解释与解释这件事的人没关系，所有的科学家都应该是同样的看法，不会出现这样的情况，一个物理学家给出一个解释，另一个物理学家给出另一个解释。如果真的有两个人提出了不同的解释，人们会认为其中有一个是错的，一定要决胜出来一个最正确的才行。或者两个人都是不对的、不完整的，那就一定要有一个更牛的科学家给出一个可以被公认的标准答案。由于这种答案与回答者无关，所以传统科普文本没有人称。

刘华杰教授也发现了一个类似的现象，就是科学家在写论文的时候，不使用第一人称单数代词,而是使用复数的"我们"。科学家常常是团队合作,有"我们"也很正常。但是,刘华杰发现,即使在只有一个作者的情况下,科学家也使用"我们",而不用"我"。或者,使用被动语态。比如,"这个实验被做了",这样就可以回避第一人称。这是一个微妙的现象。科学家不说"我认为",因为他要强调他生产出来的知识是客观的,超越了生产这个知识的具体的人。

但是人文学术则不然。人文学术必然是主观的学术。比如,罗马帝国为什么崩溃?或者著名的"李约瑟难题"——为什么近代科学和科学革命只产生在欧洲?对于这类问题,李约瑟(Joseph Terence Montgomery Needham,1900—1995)、冯友兰、江晓原可以有完全不同的看法。那么,谁最正确呢?或者说,有没有哪一个人的看法是对的,其他人的都是错的?我们通常不这样说,而是把他们并列起来,说,甲、乙、丙、丁各自是怎么认为的。也就是说,在人文学科领域,我们要表达个人的看法,要强调"我认为"。

实际上,现在"科学主义"很强势,使得我们在人文学术上也都染上了"科学主义"的毛病,甚至忌讳在文章里出现"我"这个字,迫不得已要出现"我"的时候,就用一个特殊的第一人称代词——"笔者"。不说"我认为",而说"笔者认为"。用"笔者"作为第一人称代词,甚至成了很多学术刊物的格式化要求。我很不喜欢这个词,曾专门写文章论述:人文学术,就应该堂而皇之地直接用"我"这个明确而简单的第一人称代词。[1]"我"虽然是一个小人物,但是"我"的这篇文章,必然是也只能是作为小人物的"我",在表达对某件事情的看法。写一篇文章,如果不能提出"我"的看法,那你写这篇文章干吗呢?哪怕是一篇综述性的文章,也只能说"这是'我的'综述"。

这里我想说的是,历史写作也是有人称的。尽管,历史作品的作者常

---

[1] 田松,《笔者、客观性与人文学科的科学迷思》,《中国社会科学评价》2018年第4期。

常被有意无意地隐藏起来，使你意识不到他/她的存在。但是，历史作为 history，原本就是其所讲的故事。

前面说有三个历史，一个是某某史家书写的历史，一个是我们看到的历史，一个是我们想象的作为"本来面目"的历史。

让我们把是否存在"本来面目的历史"这个本体论问题放下，先思考一个认识论的问题：如果存在一个历史的本来面目，我们是怎么知道的？

比如关于古希腊，我们怎么知道究竟发生了什么？那段历史已经过去了，我们不可能是亲历者。我们只能间接了解。

一个最直接的回答是：我们是通过历史著作来了解的。然而，每本书都是有作者的。并不会有一个"本来面目"从天而降，摆在我们面前。我们能够看到的历史著作，都是前人写出来的。每本历史著作，都有一个具体的作者。

每片叶子都曾长在一棵树上，每句话都是从一个具体的人的口中说出来的。

一片不曾长在树上的叶子，一定是塑料的。一句话，我们听到的一句话，即使是从扩音器里传出来的，也一定有一个说话的人在后面。

这是一个简单的事实，但是我需要强调一下：历史书，是有作者的。而只要是人写的，就会有人的立场、人的偏见和短见。

说到这里，我先请诸位看一段话：

> 通过通览休斯的环境史著述，我们发现，其环境史研究在很多方面彰显了自己的特色。概而言之，即是：以古典文明为原点，在生态语境中解释人类文明的起源和演进；长时段视野和世界史维度；以浓厚的生态意识来更新历史学叙事范式；强烈的现实关怀和对人类未来的深深忧虑。[1]

---

[1] 唐纳德·休斯，《什么是环境史》，梅雪芹译，北京大学出版社，2008年。

这段话出自唐纳德·休斯（J. Donald Hughes, 1932—2019）的著作《什么是环境史》中的"译者序"。休斯是重要的环境史家，这本书的译者是梅雪芹教授。梅老师以前在北京师范大学历史系，现在在清华历史系，是中国最早从事环境史研究的学者之一。梅老师在"译者序"中对休斯这本书进行了总结。不过，我现在想要说的不是这本书，也不是这段话，而是这段话的一个脚注：

> 休斯环境史研究的几方面特点，是博士研究生刘向阳同学首先概括的，笔者通过阅读休斯的有关著作和文章，认为刘向阳的概括基本准确，在此基础上我做了修改和提炼。

注释者是梅雪芹教授。在里面，自称"笔者"（但也用了"我"）的梅雪芹教授明确地区分了几件事：一是休斯本人的看法，二是刘向阳对休斯的概述，三是梅雪芹自己对刘向阳的认同、提炼和改造。这是人文学术的写作规范。

我一再强调，诸位在写文章的时候，脑子里要有非常清醒的意识，把如下这几件事情严格地区分开来：

（1）哪些是我的看法？

（2）哪些是别人的看法？这个"别人"指的是其他的学者，比如休斯，比如刘向阳，每个别人都要落实到具体的某个人。

（3）哪些是"缺省配置"的看法？

同样，在我们读书的时候，也要时时注意：作者是否分清了这几点？比如，就这本《什么是环境史》而言：哪些是作者的看法，哪些是休斯的看法，哪些是刘向阳的看法，哪些是"缺省配置"的看法？

一个作者如果做不到这一点，他的作品一定是有问题的。

3. 描述"缺省配置"是一项基本功

"缺省配置"是一个我们常用的比喻。

2002年12月,一些科学史和科学哲学专业的学者聚在上海,举办"首届科学文化学术研讨会"。一天晚上,我们在一个咖啡馆聚会,刘华杰忽然说:"科学主义是我们的'缺省配置'。"这句话如醍醐灌顶,马上引起众人的认可。"缺省配置"是一个非常好的比喻,比喻我们头脑中固有的东西。

"缺省配置"原本是计算机术语,指系统默认的配置。随便打开一台计算机,其中就已经预装了一些软件。随便打开一个窗口,它的"窗框"的配置——颜色、字体、字号等,都是计算机出厂的时候配置好的。通常,用户就直接在这个基础上工作。但其实,颜色、字体、字号等,每项都是可以调整的。只是大多数人终生都没有调整过。有些人甚至不知道这些项目可以调整;有些人虽然知道,但是懒得动。我们的大脑,在从中小学"出厂"的时候,也被设置了"缺省配置"。

多年以前,我提出过另一个比喻:我们的脑袋在中小学期间不是脑袋,而是口袋,口袋里面的东西都是学校、家长、电视等通过工业化教学、标准化考试、电视广告等灌输进来的。我曾提出"三个基本":我们的基本知识体系、基本思维方式和基本价值观,都是在中小学教育期间被模式化制造的。

按照刘华杰的比喻,这"三个基本"都是我们的"缺省配置"。中小学教育相当于对国民的大脑格式化,设置"缺省配置"。

十几年前,还没有微信、微博,网络上还是论坛时代。有一位诗人赵丽华忽然遭到了网络上集体的攻击、嘲笑和模仿。赵丽华当时最流行的诗是这样的:

一个人来到田纳西

我做的馅饼

是全天下

最好吃的

还有这样的：

我看到一只蚂蚁

又一只蚂蚁

一大群蚂蚁

网民最普遍的说法是，这样的东西也敢说是诗，这样的人也敢称为诗人？大家把赵丽华的诗谐音称为梨花体，把赵丽华称为梨花教主。

我的问题是，赵丽华是专业诗人，是中国作家协会的会员，受过专业的训练。而那些嘲笑她、攻击她的人，大多数没有过诗歌写作实践，他们是哪里来的底气和信心呢？

从这里，可以看到"缺省配置"的强大影响。他们被"缺省配置"了一套关于诗的看法、关于诗的标准，并且认为这些看法和标准是天经地义、无可辩驳的。一旦发现有人违背这些标准，他们就理直气壮地开启了攻击模式，哪怕对手是一位专业诗人。

对于日常生活中所遇到的大多数事情，我们首先都是以我们头脑中的"缺省配置"来面对的。"缺省配置"中的基本知识，常常找不到具体的作者，直接就变成了我们的常识。

大部分作为常识的东西是找不到作者的，包括某些名言、格言，它们传来传去，已经不知道最初的发明人是谁。而我现在的问题是，诸位能否看到自己的"缺省配置"？

能够看到我们自己的"缺省配置"，并表述出来，是人文学术的一项基本功。

这项工作其实并不容易，因为在大多数时候，我们对于这种配置是视而不见的。爱因斯坦（Albert Einstein，1879—1955）提出过一个问题，他问：一条鱼怎么能知道它所生活于其中的水呢？

鱼儿离不开水，但鱼对水有了解吗？鱼甚至很难注意到水的存在。水之于鱼，就像空气之于人。人离不开空气，但是人对空气的认识是非常晚的。要到拉瓦锡（Antoine-Laurent de Lavoisier，1743—1794）之后，人们才知道有"空气"，才知道空气的成分。以前，我们只会描述风，描述呼吸，或者描述"气"，但明确地把我们生活的环境定义为"空气"，是非常晚的事。

"缺省配置"是我们知识所生长的基础，如果基础出了问题，建立在这个基础之上的知识，也就不够结实。所以，我们头脑中被装进去的这些东西，如果我们不回过头来对它们进行反思的话，是看不到它们存在的。这构成了一个悖论。反思需要先看到，而不反思又看不到。所以，看到并反思"缺省配置"，不仅仅是人文学术的基本功，而且可以作为入门的标志。

如何看到"缺省配置"，反思"缺省配置"？单凭自己努力，如同拔着自己的头发离开地面，无处着力。一个相对简明的方式，是借助第三者。第三者相当于一个思想的参照系，一个可以借力的把手。

比如，就历史而言，对于历史的基本理解，我们是有一个"缺省配置"的。休斯这本《什么是环境史》，就可以作为第三者。

这本书是了解环境史的入门读物。环境史的历史很短，比科学史还短。环境史是历史的一个分支，也是历史的一种书写方式。作为一个新的东西，它之所以有独立的价值，在于它包含着与人们惯常的对历史的理解所不一样的东西，不同于"缺省配置"。这相当于，从"缺省配置"的海洋中升起来一根桅杆。阅读这样的著作，相当于攀上这根桅杆，回过头来看海平面，会看到不同的风景，同时面临着一个选择。

简单地说，如果我们读到的是一个观点，那么，这个观点能否说服你？你是否愿意接受这个观点？或者，在你看来，它哪里说得"对"，哪里说得"不对"？

很多人不愿意承认"错"了。多年前，在我发表《人这种动物为什么要喝牛那种动物的奶》之后，一位母亲曾与我展开了激烈的讨论，顽强地论证喝牛奶的合理性与必要性。鉴于她的特殊身份，很快我就意识到，我们的讨论不仅仅是观点之争。她不愿意接受我的观点，可能是因为她一旦接受了，就意味着她以前"错"了。她曾经作为好母亲的行为，给儿子每天准备牛奶，并监督他喝下去，就丧失了合理性。捍卫自己的观点，同时也是在捍卫过去的行为。

在大多数时候，人只是不自觉地按照"缺省配置"行事，并没有明确意识到它的存在。常常是在遇到新的观点之后，才意识到自己以往对这个问题是"有"一个观点的。这就提供了一个机会，一个思想的"把手"，可以用来观照自身，看到并反省"缺省配置"。

经过反思之后重新确认，也可能还会坚持原来的观点，但是这个观点，就已经不是被配置的，而是经过自己反思的了。

单个的观点会被颠覆，整体的结构也会被颠覆。用科学哲学的术语说，就是范式转型。比如，从人类中心主义到非人类中心主义，就不是一个两个的观点变化，而是整体上的范式转型。

关于历史，也存在着整体的转化。柯林伍德（Robin George Collingwood, 1889—1943）说，新的历史不在于发现了新的史料，而在于发现了新的问题。

比如环境史，它在什么意义上构成了一种新的历史？它是新的史学对象，还是新的史学观念？在以往的历史中，也会出现某些对环境的描述，那种描述与"环境史"的描述，有什么不同？再比如科学史，萨顿为什么要搞一个名叫"科学史"的东西呢？当然，科学在历史中变得越来越重要了。曾有人说过，在19世纪以前的"历史"里，即使一个字不谈科学，也可以是一部好的"历史"；但是到了19世纪之后，再写一部历史而不谈科学，这个"历史"就不及格了！进入20世纪更是如此，除非是某种特别的

"专门史",比如某种艺术史,其中不谈科学,或许还情有可原。但如果要写一部20世纪的国别史、断代史,或者世界史,不可能不谈到科学。也就是说,科学变成了"历史"的一个不可或缺的因素。但是,是否历史中谈到了科学,就可以是科学史?我们称之为科学史的历史,与谈到了科学的历史有什么差异呢?

以前的历史可能是王国史、军事史或者经济史,在科学史这种新的历史形态出现之后,就可以作为一个思想的参照物,一个可以借力的把手,回过头看以前读过的历史,看看以前我们对历史是怎么理解的,在某种意义上,它可以帮助我们看到自己的"缺省配置"。有了环境史,又多了一种角度。通过不同的角度,能够看到以往的历史在不同方面的缺失。

当你读过一本科学史之后,你会拿"缺省配置"里对历史的哪些理解去和新的历史相比对?哪些东西和"缺省配置"是融合的?哪些只是在原来的基础上往前推了一步?哪些是原来根本没有而凭空造出来的?哪些东西以前是"这么"看的,科学史出来之后就"那么"看了?有了这些反思,你就能够对"缺省配置"有所认知。

原来你作为一条鱼没有看到水,现在你由于这个新东西的出现能够看到水了;你原来没有看到空气,由于有了这个新东西你看到空气了;你原来对"什么是历史"这件事没有经过反思,只是接受了中小学时强加的概念,现在有了这个新东西,就应该有所反思了。有所反思并不意味着你就要赞同它,就要与它相同,不能说他是权威、大牛,所以他说的都是对的。我们每个人都是一个独立的、思考着的人,对事物应该有独立的、属于自己的看法。有独立的、属于自己的看法,这是作为人文学者的前提。

我建议大家多想想下面两个问题:

首先,你是否意识到了"缺省配置"的存在?

其次,你是否有能力将其描绘出来?

描绘出自己的"缺省配置",这是一项非常重要的学术基本功。

我把整个过程大致复述一遍。对于某一个问题,我读到了某人的一个观点，让我觉得有趣，并开始思考。作为人文学者，我们要能用文字描述出以下内容：

（1）关于这个问题，以往人们通常是怎么看的？或者说，以往我是怎么看的？

（2）我读到的某人的观点是怎样的？

（3）在思考之后，我现在的观点是什么？

（4）在我现在的观点里，哪些看法我是从某人那里得来的，是我认同了他的说法？哪些地方我又和某人完全不一样？——这可能是我坚持了原来的看法；也可能是他给了我一个启发，使我想到另外一种可能性，从而产生一种全新的想法。虽然这个想法是他没有提到的，但他也算是我的思想资源，我是在他的基础上往前走。那我就要提到他的贡献，就像梅雪芹讲到刘向阳那样——刘向阳对它做了总结，我通过阅读认可他的观点，然后我又重新表述，进行提炼和概括。哪些东西作者原来根本没有说到，而我觉得也可以说一说？

以上这几个方面，我们在文章中要区分开来——哪些是"缺省配置"？哪些来自于某人的著作？哪些是我的观点？这是人文学术的基本功。

实际上，如果掌握了这项基本功，你的境界就提高了一个层次，你对历史书及其他人文著作的鉴赏力就提高了一个层次。如果你从事学术工作，你的学术文章就进入了一个新的档次。你要知道，相当多的学术文章还不能够把这几点区分开。那些惯于使用"我们"的人，就没有明确地把这几点区分开。

4. 两种思考方法：跳高与潜水——"向前走"与"向后看"

现在回到本章的关键问题："历史的本来面目"。按照我前两节的观点，可以说，"历史的本来面目"这种说法根深蒂固地存在于我们的"缺省配置"之中。那么，这个说法究竟是什么意思呢？

根据我以前所了解到的，我上中小学时被教育、被告知的，在那种语境下它是什么意思？这就是我说的，我们要有能力把"缺省配置"的观念描述出来。因为实际上，我们随时要去面对这个东西，它就是我们的靶子，是我们思想起跳的平台。诸位是否有能力，看到自己的"缺省配置"中关于"历史的本来面目"是怎么说的？我们是否有能力把它表达出来？

我们进行学术思考，其实有两个方向：一个是往前走，像跳高；一个是往后看，像潜水。

"往前走"是什么意思呢？比如，我现在站在一块石头上，跳高，"往前走"的意思是说，我假设这块石头是结实的，不关注石头本身，这是大多数人的做法，往前走，往高跳。

"往后看"是什么意思呢？就是研究这块石头本身。提出怀疑：这块石头是不是足够结实，我是不是可以在它上面接着走？

大多数人的学问是"往前走"的，对于我们默认的东西不做思考。大约2000年之后不久，关于中医、西医的争论又慢慢热了起来。我本人的立场是支持中医的。我相信中医，所以要帮助中医去反抗西医。反中医一方有一个非常强有力的问句是："你说中医那么好，你有科学依据吗？"这个问题非常具有杀伤力。我本能地"往前走"，本能地回答："中医有科学依据！"然后去找中医的科学依据，比如针灸麻醉、后来得了诺贝尔奖的青蒿素、各种中西医结合的实验等，这些都可以作为中医的科学依据。这是"往前走"。但是，我很快就意识到，以科学依据作为衡量标准，中医尚未出手就已经败了。

"往后看"的思路是什么呢？我在2005年写了一篇文章《中医为什么要有科学依据？》。我开始对问题本身进行质疑：中医为什么要有科学依据？什么叫中医的科学依据？这样一想，结论也很明确，所谓中医的"科学依据"，不就是中医的"西医依据"嘛！这意味着，我们要用西方医学的理论，诸如解剖学、生理学、细胞学，去衡量中医的针灸麻醉、青蒿素，用西医的那套话语体系来论证中医的合理性，这就是所谓的"中医的科学依据"。所以，以科学依据作为衡量标准，中医的科学依据再多，也没有西医多。中医如果要靠科学依据来获得合理性，获得话语权，注定要依附西医，注定要被边缘化。最好的结果是，西医宽宏大量，说：你还是有一些科学依据嘛，那就在西医院里设两个中医诊室吧。所以，现在中医药大学里，西医是必修课；而在普通的医学院里，中医是选修课。

但是，我的问题是：我这是中医啊！中医为什么要有西医的依据呢？反过来说，西医的阿司匹林，有中医的阴阳五行论证的合理性吗？有中医那种对药性的温热寒凉的判断吗？为什么中医要有西医的科学依据，而西医不需要有中医的依据呢？这个思路就是"往后看"，于是，我要讨论的问题就变成了：

（1）什么是科学依据？

（2）为什么科学可以给我们依据？

（3）为什么我们会相信科学依据？

（4）为什么这个问句具有如此强大的杀伤力？

这些问题，就是我"往后看"看到的。这类似于潜水，方向是向下，潜了多深，自己知道，外面一时还看不出来。

如果"往前走"，我就应该搜集资料，论证中医有这个科学依据，有那个科学依据。顶多拐个小弯，扩展科学的定义，说阴阳五行也是科学，所以中医有科学依据。这个时候，讨论的已经不是"中医有没有科学依据"了，而是"什么是科学"。而我的方法则更加彻底，对于我们"缺省配置"中的科学主义意识形态进行反思，对于那种潜藏在我们无意识深处的"只有科学才能赋予价值"的观念予以反思。

做任何学问都有这两种玩法：往前走、往后看。而大多数的学术，主流都是"往前走"的。比如在物理学中，只有少数物理学家会质疑基本概念，诸如什么是时间，什么是空间；大多数物理学家则是在现有的时间、空间概念基础上，往上盖楼。应用学科更是如此。

但是我们在哲学系中，一定要学会"往后看"。用我们"科学文化人"

的话语方式说就是：反省你的"缺省配置"。按照吉林大学孙正聿老师的话说："哲学是一种'反思思想'的'前提批判'活动。"[1]为什么我们在哲学系做科学史，和物理学家做物理学史、化学家做化学史不一样？因为对于他们而言，科学是一个既定的、结实的、坚固的东西，他们不断考据史实，挖掘史实，把这些材料按照时间轴排序，建构一个逻辑关系，这样写他们的历史。而我们则要对这个基础进行讨论。所以，回过头来，关于什么叫"历史的本来面目"，我们可以这样讨论：

（1）在"缺省配置"的话语方式之下，出现"历史的本来面目"这个短语的时候意味着什么？

（2）我对这件事情的看法是怎样的？

或者把它分解一下：首先，你是否相信，存在一个"历史的本来面目"？其次，当我们说"历史的本来面目"的时候，我们指的是什么？

课堂讨论片段 I

田老师：好，你先。

学生（邱实）：我认为历史是有"本来面目"的。我高中是学文科的，那时候有历史这门课，当时学历史的时候，我觉得书里陈述的那些历史，很多时候是一种史实，比如哪一年在哪个地方发生了某个事件，参与的人有哪些。我觉得它可能是一种最基本的对史实的描述，我认为这就是历史本来的面目。这件事既然发生过了，它肯定就是这个样子；但是后来我渐渐看了别人编写的一些历史，不同于高中时候的历史教材，我就发现，可能确实也存在着"真实面目"这回事儿，但是不同的人从不同的角度看待历史的时候，对历史的看法或描述是不一样的。这说明我们现在看到的这些东西可能未必准确表述了历史的真实面目，我是这样看的。

---

[1] 孙正聿，《孙正聿哲学文集》第一卷《哲学的目光》，吉林人民出版社，2007年，"总序"第6页。

学生（刘莉源）：在我们以往的教育中，对于"历史本来面目"的概念就是历史客观性，它完全不以我们的意志为转移；我们所写的历史也是按照客观发生的情况来描述的，一般写历史也追求客观性，就是实事求是。但是根据后来人们对历史的讨论，我知道克罗齐（Benedetto Croce, 1866—1952）有一句话，他说"一切历史都是当代史"，就是说我们任何人在写历史的时候可能都是带着我们现在的眼光去看，可能并不一定是实事求是，因为我们受这个时代、我们的教育水平或者个人情感和情怀的影响，还有很多其他因素的影响，我们不可能完全客观，甚至没有"客观的现实"一说。我自己的观点是，我比较认同他的观点，即我们所做出来的历史没有绝对客观的，它只能说是一个相对的史实，并不能说是绝对的、一一对应的那种。历史在于人对它的解读和理解，从不同角度可能就会有不同的阐释，就像中国古代的历史一样，各个朝代都很注重"修史"，修史的时候都是有一定的政治性在里面的，并不是修的每件事情都是绝对客观的。所以我们在解读的时候，在看待历史的时候，也要持一种警惕的眼光。

田老师：好，咱们继续。该谁了？亚娟你来吧！

学生（李亚娟）：我刚才想了半天，想得挺混乱的。我想到高中我们上中国史和世界史的时候，感觉它的政治性比较强一点。后来接触到科学史，感觉特别强调科学和技术的因素在历史中的作用。我觉得是不是并不存在"历史的本来面目"，只是说，当你从不同的角度去看待的时候，历史会以一种不同的面貌呈现出来。刚才那位同学说到"一切历史都是当代史"，这是一种解释的方式；其实我们还有一个说法叫"辉格史"，我觉得辉格史的说法有时候是对的，比如我自己吧，如果我来讨论历史，我很难跳出自己已有的知识范围来讨论历史，就是说它是很主观的东西。所以，我觉得历史是相对的，这是我的看法。

田老师：好，该你了，什么是历史的本来面目？你听说过这个说法吗？

学生（古马尔，尼泊尔留学生）：我听得懂，就是说不出来。

田老师：要不然你说英语吧！

学生（古马尔）：我觉得历史其实是我们现在的年轻人看过去的事情，每代人看的都不一样。甚至就一件事情，每个时期我去看的时候，或者在不同的角度看的时候，都不一样。所以我不知道怎么解释这个本来面目。

田老师：那这些不一样的观点中有一个是对的吗？

学生（古马尔）：应该会有。

田老师：应该会有？

学生（古马尔）：但是怎么确定呢？

田老师：对，怎么确定？能不能发明出一些方法来确定？比如考古学，我今天早晨来的路上，看到朋友圈的一则消息说到刚发现的海昏侯墓，大家知道海昏侯吧？新的考古发现，一个汉墓，太厉害了。海昏侯是公元纪年之前的，西汉的，而且墓非常完整，里面有大量的金子，包括金疙瘩、金元宝、金币；还有《论语》，而且是《齐论语》，里面有两章是我们现在通行本里面没有的；还有《史记》《易经》。这个出来之后，《论语》要升级了，可能《史记》也要升级，因为《史记》被后世重新编纂的也很多，而刘贺离司马迁才几十年，所以海昏侯墓里面的《史记》很可能是原版，这样的话我们的历史就更新了。

这是从史料的角度，我们发现了更原始的史料、可以确证的史料。但是史料的确证本身又是一回事儿。对了蔚蓝，你说说。

学生（蔚蓝）：老师您说不能只顾朝前走，但是我们如果以"观察渗透理论"来看的话，每种历史都是有理论负载的，不过我们还是要选取稍微合适的一种吧！有的人选取的时候有政治需求，有的人可能考虑的是文化教育需求，比如中小学教材，我觉得这是一种比较简单的选取方法，但是作为一个学者进行研究的话，就可以再做别的讨论。但是如果所有人都认为历史根本没有什么本来面目，就有点儿危险了，我觉得有些东西还是要坚持。

5. 过去的事情如何确定：史学的工作假设

人们通常认为，历史就是过去的事情，是已经发生的事情，是已经完成的事情。

既然是已经发生过、已经完成的事情，那它就应该有一个唯一的发生方式，不可能有两个不同的发生方式。比如我今天从家到学校来，几点几分通过哪一个路口，从哪条路线进这个教室，整个过程都已经完成了，它应该是一个唯一确定的事情。如果今天这个历史学家说你是从这里走的，明天另一个历史学家说你是从那里走的，我们会觉得，两个不可能都是对的，至少有一个人错了。同时，我们还相信物理世界具有一种稳定性。比如，这两本书上平稳地放置了一部手机，现在是这个样子的，我出去转一圈回来了，发现它摆放的样子发生变化了，那这时候我只能认为，在我离开的这段时间有人移动了它，因为它自己是不会动的！这就是说，我们对于"这个世界是什么样子的"有一个基本的、缺省的判断。我们的世界不是《哈利·波特》的魔法世界。

在魔法世界里，念一句咒语就能让手机改变位置。但是在我们这个"麻瓜"（不会魔法者、不相信有魔法者）的世界里，不会是那样的。在我们这个世界里，一定是有人动过手机，它的摆放位置才会改变。那么这个人是什么时候进来的？他是谁？他是怎么动的？这些问题都应该是有唯一答案的。如果两个人给出的答案不一样，那至少有一个人是错的，不可能两个人都对。

基于这种我们对于"这个世界是什么样子的"的基本理解，我们愿意相信，历史存在一个本来的面目，就像这部手机有一个本来的位置一样。

如果不存在一个"客观"的历史，如果历史像胡适讲的，"是一个可以任人打扮的小姑娘"，那就会给人们带来困扰。比如，会产生这样的问题，如果历史没有一个客观的本来的面目，我们为什么要学历史，我们又怎么

《哈利·波特》电影海报。在哈利·波特的故事中,魔法世界与"麻瓜"世界遵循着不同的物理规律
© Warner Bros.

能够研究历史?当然,人们还可以说,没有一个确定的答案,人民群众的思想就会发生混乱。这涉及历史的功能,这部分与蔚蓝同学刚才的问题有关,我们回过头再来讨论。"历史的本来面目"是一个基础的、根本的东西——历史要不要做、怎么做都取决于你对这个问题的理解。

在逻辑上,我们可以做两种假设:第一种是存在历史的本来面目,存在一个唯一真实的、绝对正确的"历史";另一种是不存在历史的本来面目。

我们常说,要分清哪些是事实,哪些是观点。首先你在事实层面上要搞清楚发生了什么,然后才能据此说你的观点。如果你的观点是建立在一个错误的事实上、一个虚构的事实上,这个观点就不结实、不牢靠。但是,什么才可以被认为是事实呢?这里又要谈到我们的"缺省配置"。

我们对于这个世界基本的理解方案是实在论的。大家知道实在论是什么吧！按照我们中小学教育习惯的一套表示方式，实在论就是承认存在一个外在于人的、客观的、不以人的意志为转移的世界，一个客观的物质世界；进而，这个世界存在一个外在于人的、客观的、不以人的意志为转移的规律。我们默认的就是这样的实在论。在我的物理学哲学课上，总是要讲到量子物理学史上著名的问题："月亮在没有人看到它时是否存在？"这也是量子哲学的重要命题，当时讨论得非常激烈。这个讨论总会归结到实在论和非实在论之间的争论。

非实在论的代表贝克莱（George Berkeley，1685—1753）大主教说过，"存在就是被感知"，一个东西被我们感知到了它才存在。实在论说，一个东西的存在是客观的，它存在了我们才能感知它，它如果不存在你怎么感知呢？而贝克莱说的是，你如果没有感知到它，你怎么知道它存在呢？

我们通常对事物、对世界的理解是实在论的理解，而不是非实在论的理解，以往的历史学家在做历史的时候，基本上倾向于实在论的立场，也就是说，相信已经发生过的事情是外在的、客观的、不以我们的意志为转移的，因而具有一个唯一的答案——历史的本来面目。

比如肇事逃逸，是谁开的车就是谁开的车，只有一个答案，只有一个真相。假如这个肇事者就是某个领导，但是领导的司机愿意顶他的雷，那他们就是伪造历史。再比如，光绪到底是怎么死的？是病死的，还是被毒死的？这件事是已经发生过的，应该有一个唯一的真相，而不应该有不同的说法。我们在面对日常事物的时候，采用实在论的假设实际上是一个更方便的假设。有人说过，哪怕是一个持非实在论的哲学家，他在制订一个旅行计划的时候，也要假定他的旅行目的地是实在的，要不然旅行计划怎么订呢？

所以我们在做历史的时候，还是觉得已经发生的事情，是一个客观的、确定的事实，存在一个唯一的答案。在某种意义上，这是我们的"工作假设"。关于自然界是否存在规律，有人认为物理学就是讨论自然界的本质规律，物理学家的"工作假设"就是假设存在客观规律，去寻找这个规律；如果他不假设存在客观规律的话，他的工作似乎也没法做了。同样，一件已经发生过的事情具有一个本来的面目，这是历史学家的"工作假设"。我们必须假设它存在，然后我们才会做历史考据、揭穿真相，才会说原来的历史是假的，是伪造的，实际上不是那样的，而是这样的。

这个"工作假设"首先指的是史实层面的，接下来面临的一个问题就是：假设存在这个东西，第一，我们要怎么获得呢？第二，我们能否获得？也即当两种观点发生冲突的时候，我们用什么标准去取舍。

大家感受一下，假设现在你就是一个历史学家，你觉得怎么办呢？有一个心理学的实验，我一下子想不到出处，但是大家搜心理学文件应该能够找到这个实验。这个实验是这样设计的：在一个正在上课的教室里，就像我们现在这样，忽然有一个人闯进来了，后面另一个人拿一把刀追着他，前面的人绕着教室转一圈又跑出去了，追的人也跟着跑了，整个事件的发生只有十几秒。测试者要求在场的诸位把各自看到的过程写下来。的确，刚刚发生了什么，在场的每个人都是亲眼见到的。但是，实验结果让设计者大吃一惊。大家写下的答案五花八门，关于两个人的性别、长相、衣服的颜色、身高……所有的相关描述大相径庭，每个人看到的不尽相同。我们相信有一个唯一的真相，对吧？这两个人都是确定的，而且这件事情是有标准答案的，是吧？因为这两个人是设计好的，设计者知道这两个人谁前、谁后，也就是说实验设计者知道标准答案是什么，实验设计者甚至可以藏一部摄像机，把整个过程全都拍摄下来。可是历史并不是处处都有一部摄像机，说到某个历史事件时，大家的答案不一样，那这时该怎么办呢？我们要相信谁？

课堂讨论片段 Ⅱ

学生（李亚娟）：即便他们的答案不一样，但是他们所描述的内容里面有没有共同的东西?

田老师：好，那第二个问题是，在这件事情上可不可以少数服从多数？我们是否能够相信，多数人共同看到的就是对的？好，你说。

学生（邱实）：我觉得不能，这件事是不一定的，眼见也不一定为实，大多数人看到的也未必是那件事情真实发生的一个反映。

田老师：那这个时候我们怎么办呢？我们怎么确定呢？我们有一些俗语是矛盾的！比如，"群众的眼睛是雪亮的"，这是多数原则；还有一句话叫作"真理总是掌握在少数人手里"，这也没错啊！比如，最早出来讲环境史的，他刚出来的时候肯定是属于"少数人"，对吧？这时候该怎么办呢？

所以，我们在哲学系讨论这个问题，就会涉及两个层面：一个叫本体论的层面，所谓本体的层面，就是我们假设存在"本来面目"，存在客观真理，因为历史是已经发生过的事；另一个是认识论的层面，我们假设存在着这么一件确定的、已经发生过的事情，下一步的问题是我们怎么认识到它，这是一个认识论的问题：我们能否认识到它，我们怎样认识到它？

司马迁写《史记》的时候，他写的三皇五帝，也是他本人没有见到的；他写上古史，有一些传说、神话呀，他也没见到过；那他写同代的人呢？他写《项羽本纪》《高祖本纪》，这是他所处的历史时代，司马迁见过刘邦吗？司马迁是什么年代的人？

学生（李亚娟）：汉武帝时代的人。

田老师：对，司马迁是武帝时代的人，司马迁跟武帝是打过交道的。司马迁写本朝史，这是很特殊的，他把项羽写得活灵活现，小说一般。我们后人看《史记》这类材料的时候，会思考几个问题：他写的是不是真正的历史？如果它不是真正的历史，那它就是一个被歪曲的历史，它是否还有价值？一个被歪曲的历史会产生什么后果？实际上，这时候我们面对一个新的张力。

6. 插曲：宇宙大爆炸是一个历史事件吗？

宇宙大爆炸现在已经被认为是一个标准答案了。宇宙起源于150亿年前的大爆炸，这个说法差不多都可以写到公民科学素养调查问卷里了。一部著名的美剧就叫作《大爆炸理论》（*The Big Bang Theory*），中文名改作《生活大爆炸》，更加通俗。2016年10月底，我访问克莱蒙特（Claremont），就住在帕萨迪纳（Pasadena）。帕萨迪纳位于洛杉矶东侧，是著名的加州理工学院（Caltech）所在地，也是《生活大爆炸》剧情发生的主要场所。我在街头闲逛的时候发现，有一条小路的名字就叫作大爆炸理论路。也不知道这条路的名字是来自物理学理论，还是来自那部美剧。

那么，我们怎么知道，宇宙来源于150亿年前的一场大爆炸呢？

我们说，公元前210年，秦始皇驾崩，这是一个历史事件。

我们也说，150亿年前，发生了一场宇宙大爆炸，那么，这是一个历史事件吗？

秦始皇在公元前210年死去，这件事我们有各种史料作为依据，以往的史家普遍认可这些史料，当然，公元前210年，这并非是中国人自己的纪年，这是与西洋历法进行换算之后的结果，而这个结果同样被普遍接受。秦始皇在公元前210年死去，这个历史事件，在我们一般的表述中，在我们一般的观念里，都相当于某种客观的知识。

150亿年前宇宙诞生于一场大爆炸，在人们一般的表述中，在人们一般的观念里，更是某种客观的知识，因为这是一个科学的结论。

那么，"150亿年前宇宙诞生于大爆炸"与"秦始皇死于公元前210年"，这两个陈述，具有同样的"客观性"和"实在性"吗？如果后者是一个历史事件，前者也同样是一个历史事件吗？

这个问题如果我们仔细琢磨，也是挺有意思的。不过我们现在先放下这个比较，换个角度问。我们是怎么知道宇宙大爆炸的？150亿年前的事，

这幅著名的木刻版画出自一位不知名艺术家之手,最早为公众所知,是被著名天文学家、科普作家弗拉马利翁(Camille Flammarion,1842—1925)用在了他的《大众气象学》(1888)中,故称弗拉马利翁木刻。画面表现了一位中世纪传教士,来到大地与苍穹的交界处,探出头去,偷窥外部宇宙。苍穹上布满了恒星,与托勒密体系中的恒星天概念吻合。此图流传甚广,后世有多重填色版本

Ⓒ Public Domain

我们是怎么知道的?那是时间的起点啊!不可能有任何史料,我们是怎么知道的?

我们是推导出来的。

这非常符合卡尔·波普尔(Karl Popper,1902—1994)对科学的界定,一切科学理论都是假说。宇宙大爆炸也是一个假说,这个假说获得了一些观测依据,就慢慢地被普遍接受了。

从托勒密到哥白尼的时代,宇宙是有限的,各种天体都镶嵌在一个

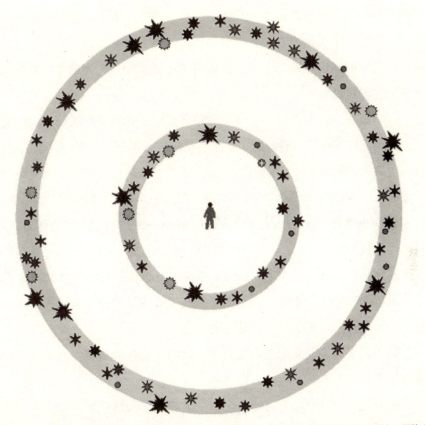

奥伯斯佯谬示意图（作者不详）。以太空任一点（比如地球）为圆心，如果太空各向同性，星体分布均匀，如果厚度很薄，并且相同，则每个球壳的体积正比于其表面积距离的平方，则壳内星体的数目正比于距离的平方，而星光的强度正比于距离平方的倒数，则每个球壳内星光到达圆心的强度为一常数。如宇宙无限，则有无穷多球壳，则到达圆心的光强为无穷大。则不但不可能有黑夜，地球早被烧成气体了

个天球中，最外层的恒星天就是宇宙的边界。布鲁诺把天球打碎，天体飘散在茫茫太空之中。牛顿时代，万有引力，可以把科学定律应用到整个宇宙之中。牛顿本人给出来的宇宙是一个上下四方古往今来各向同性的、无限的、静态的欧氏几何的宇宙。但是，这个宇宙会导致奥伯斯（Heinrich Olbers，1758—1840）佯谬：夜空为什么是黑的？

爱因斯坦时代，广义相对论，又把一个新的科学规律应用到整个宇宙

之中，1917年，爱因斯坦本人提出来一个有限无界的、非欧几何的宇宙。爱因斯坦相信宇宙是静态的，一个动荡的世界，总是让人内心不安。为了使计算结果能够给出静态宇宙，爱因斯坦还特意地、人为地在方程里加上了一个宇宙常数项。

但是很快，1922年，其他物理学家就否定了爱因斯坦的结论。根据广义相对论的计算结果，静态的宇宙是不稳定的。宇宙是动态的，要么膨胀，要么收缩。爱因斯坦看到他们的文章，非常懊恼。他承认，宇宙常数项的人为加入，是他一生所犯的最愚蠢的错误。在这些其他物理学家中，有一位叫作弗里德曼（Alexander Friedman，1888—1925），1925年因伤寒不治而亡，年仅37岁。

几年后，1929年，哈勃（Edwin Powell Hubble，1889—1953）发现了星系退行的哈勃红移定律。遥远的星系在以非常快的速度远离我们，距离越远，远离我们的速度越快：退行速度与距离成正比。

那么，我们又怎么知道本来就很遥远的星系在远离我们？这又需要另外的知识——光谱学。

我们怎么知道太阳上有哪些元素？太阳上有哪些元素，以前人们是无法知道的，只能靠各种想象。直到光谱学诞生之后，人们才找到了方法。就是把太阳光谱与地球上各种元素的光谱比对，于是人们认定太阳上有氢氦锂铍硼。这里隐含了一个假设：元素与光谱之间，存在一一对应的关系，无论元素在地球上，还是在地球外。这个假设在古希腊的时候并不成立，古希腊人认为，构成天体的物质是特殊的，是不朽的，是地上所没有的；并且认为，天上的东西与地上的东西并不遵循同样的物理和化学规律。

到了20世纪20年代，光谱与元素之间的一一对应关系就被普遍接受了。人们早就相信，太阳系里面没有新鲜事儿，太阳系外面也没有新的物质。宇宙中的物质是统一的。这时，天文学家发现了某些星系的光谱在地球元素中找不到。但是，人们并不认为是天上发现了特殊的物质。果然，把这些光谱向红色方向移动一点儿，人们又发现，星系光谱与地球元素光谱吻合了。这个现象叫光谱红移。

为什么会发生红移呢？有现成的理论——多普勒效应。以前解释多普勒效应都用火车进站做例子。当年，火车进站出站都要拉汽笛，同样的汽笛，在进站时听声音显得尖锐，在出站时听声音显得低沉。那是因为声源在运动。声源接近我们的时候，频率变高，声音尖锐；远离我们的时候，频率变低，声音沉闷。

同样，星系远离我们，频率变低，整个光谱向红色端移动，这就是红移。反过来，就可以用红移的量，来推断星系远离我们的速度。

我们再琢磨一下哈勃红移定律，退行速度与距离成正比，这就意味着，所有距离我们同样远的星系，在以同样的速度远离我们。距离越远，跑得越快！

这又意味着什么？如果我们依然以牛顿的方式思考问题，脑子里还有一个绝对的时间和空间，我们所能想象的会是星系在空间中运动。仿佛校园广场中间扔了一个臭弹，广场上的同学都往外跑一样。但是，如果我们已经具有了爱因斯坦广义相对论的观念，我们就会想象出这样的情景：不是星系在空间中运动，而是空间本身在运动，于是，星系远离我们，是因为宇宙在膨胀！

换言之，宇宙在膨胀，并不是一个一眼可见的物理现象，也不是一个可以直观想象的物理过程，它是一个建立在广义相对论之上的物理推论。

如果没有广义相对论，我们也能观测到光谱红移，但是得不出宇宙膨胀的结论。

如果宇宙现在是在膨胀着的，那就是说，宇宙未来比现在大，那也就是说，宇宙过去比现在小。这样逆着时间往回推，宇宙越早越小，越小越早，早到不能再早，小到不能再小，就是一个点，就是时间的开始。这个点，物理学的行话就是奇点。从这个点"砰"的一下子，宇宙诞生了！这就是大爆炸理论。美国物理学家乔治·伽莫夫（George Gamow，1904—1968）在1948年正式提出了这个假说。

这个假说并没有引起当时物理学家的重视，恐怕连伽莫夫本人也未必当真。我们就从这个理论的名字 big bang，就能感觉到其中的不严肃。不过，很多天才物理学家对待物理的态度原本也不那么严肃。

物理学家现在已经可以对宇宙大爆炸从开始到今天的整个过程描绘出来，可以把"宇宙最初三分钟"写出一本书来。[1]

那么，宇宙大爆炸是一个历史事件吗？

7. 上帝视角与天眼假设

我们从认识论的层面上，继续讨论。庄子喜欢问："何以知其然邪？"你怎么知道是这样的呢？它实际上怎样，是一回事儿；你是怎么知道的，则是另一回事儿。

同样，首先在本体论的层面上，我们可以假设存在一个"本真历史"；然而，在认识论的层面上，我们只能承认我们无法获得那个东西。我们假设它存在但又无法获得它，而且都找不到一个判断的依据，甚至在史实的层面上经常出问题，比如刚才讲的那个心理学实验。在法庭上我们由陪审团决定是否有罪。辛普森到底有没有杀人？这是由整个陪审团来决定的。当然，有证词考问的环节，大家可以交叉质询。但是，有一些证词是不允许提交的，因为取证的过程有程序不正义，所以这个证据即使是"真"的，也不能算、不能用。我们只能根据那些被法庭接受的证词进行法律判断。按照美国法律，有控方和辩方，检察院负责检察、收集证据来证明辛普森有罪，辩护律师那边也收集证据证明辛普森无罪。可是，检察院也都是一些凡人构成的，他们不可能收集到无穷多的证据，只能收集有限的证据；同样，辩护律师也是凡人，他们也不可能收集无穷多的证据，也只能收集有限的证据。所以，法庭上的正义叫作"程序正义"。至于是否是"实质

---

[1] 史蒂文·温伯格，《宇宙最初三分钟》，中国对外翻译出版公司，2000 年。

正义"，我们不知道。或者说，只有上帝知道。但是，人不是上帝，所以，人只能保障"程序正义"，也必须保障"程序正义"，否则，就没有正义。

历史学家更是凡人了。相信历史学家能够获得历史的"本来面目"，无疑是相信陪审团能够给我们"实质正义"。

在认识论的层面上，我提出一个概念，叫作"上帝视角"或"天眼假设"。小说家在写小说的时候，有两种常见的视角：第一人称视角和上帝视角（或全能视角）。讲评书通常都是上帝视角，"花开两朵，各表一枝"，每朵每枝他都知道，每个人的心理活动他也都知道，这是上帝视角。比如《三体》就是一个上帝视角的小说，每个人的心理活动刘慈欣都知道，这当然没有问题，因为"三体"世界就是他创造的，刘慈欣就是"三体"世界的上帝。

在第一人称视角的小说中，作者化身成了小说里那个"我"，作者只知道"我"知道的事情，也只能描写"我"的心理活动，不能描写别人的心理活动。"花开两朵"，我只能说"我"在的那一朵，从"我"的视角看到的事儿，而不是全知全能。刘慈欣在《三体》里有天眼，他什么都看得到。一个拥有天眼的人可以告诉你唯一真正的、确定的历史，那是因为他什么都知道。这是一个自我循环。他什么都能看到，是因为他什么都知道。他是因为知道，所以才看到，而不是因为看到，所以才知道。这个天眼在刚才的心理学实验里面就是藏起来的摄像机，如果我们相信摄像机的质量是好的、不会有错的，那么我们就会相信摄像机拍摄的影像就是本来面目。如果我们觉得一台不够，就把整个屋子藏满摄像机，那就不用根据你们这些肉眼凡胎的人的表述来告诉我们发生了什么了。——你们都吓蒙了，什么都看不见。我用摄像机来还原"历史的本来面目"，告诉你这两个人是什么人、谁在前谁在后、拿一把什么刀、穿的什么衣服、有没有戴眼镜……这些完全由摄像机来确认。注意，摄像机是一个客观的天眼，它在认识论的层面上承担着天眼的功能，由它来告诉我们"历史的本来面目"。

可是问题在于，每个历史学家都是没有天眼的，每个个人都是没有天眼的，我们怎么能够获得"本来面目"呢？你看司马迁的写作，基本上是上帝视角，他写虞姬和项羽的别离，就是上帝视角。我们以往对历史学家的要求，也是希望他们拥有上帝视角，让历史学家告诉我们这个世界究竟是什么样子的。这是一个诡异的现象。

我们希望历史学家有上帝视角，但是他们实际上是没有的。

诸位注意，上帝视角是一个很可怕的东西，正因为人不可能拥有上帝视角，所以，那些宣称能够告诉别人"历史本来面目"的人，往往假设自己拥有了上帝视角，假设自己能够告诉你"历史的本来面目"。这是一种认识论的僭越。他在做一件超出他自己能力的事。在他没有话语权的时候，他这些说法可能会遭到嘲笑，这也是先知常常遭遇到的。而当他拥有话语权的时候，他的说法就对他人的言论构成了压制。尤其是，当他试图用权力来捍卫自己的僭越的时候。

但是，为什么这些人还很有市场、有很多拥护者？因为那些拥护者也相信他们拥有上帝视角。实际上，我们大多数人、普通人，都期望有一个上帝视角存在，由它来告诉我们那个绝对正确的东西，这时候我们会感到踏实，心理上有寄托和安慰。这时候我们又从实在论进入到决定论。

我们作为人文学者，面对的是具体的现实世界，而不是在实验室里做实验。实验做一万次，九千多次都是同样的结果，就可以说它是客观的，其他的都是一些系统误差、偶然误差。人文学者强调的则是"我"，而"我"没有天眼，我不可能写出"历史的本来面目"，只能写出一个我所认为的历史，我所相信的历史。但同时，我又要假设存在"历史的本来面目"，要努力地恢复它。所以，实际上这两者之间就构成一种张力。

课堂讨论片段Ⅲ

学生（邱实）：老师，我有一个问题。

田老师：好。

学生（邱实）：现在科技很发达，我们有摄像机之类的设备，可以拥有记录现在正在发生的事的一些技术，就是说，我们其实可以借用一些设备、拥有一些上帝视角，来记录现在正在发生的事，让未来的人可以准确地描述我们。对于他们来说，我们现在发生的事就是历史了。

田老师：对。

学生（邱实）：这样未来的人就能知道"历史的本来面目"了？

田老师：也不可以，亚娟你觉得呢？

学生（李亚娟）：我觉得事情太多了，没法完全记录。

田老师：对，这是一个问题。这里涉及这样两个问题：第一，我们不可能安排无穷多的摄像头；第二，无穷多的摄像头就会产生无穷多的数据，在有限的时间里是看不完的。我们只能在有限的时间里阅读有限的数据。

学生（邱实）：如果我们设置有限的摄像机，储存有限的数据，那么至少说，在未来我们有一部分的历史是确定的。

田老师：嗯。

学生（邱实）：可以这么说吗？在科技发展到现在的程度之前的历史，我们完全没有上帝视角，完全没有天眼，对于之前发生的事可以说我们根本就没有一点点确定性；但是，从现在起，历史也可以借助科技的手段变得具有确定性，这是否算是一种进步？

田老师：不好说，不过这个问题可以讨论。比如，还是说肇事逃逸，现在我把摄像头一一调出来，理论上这个人是逃不掉的。现在摄像头的功能很强大，用来罚款是万无一失的——车轮有没有压线，驾驶员是男是女，车牌号是多少，全都能看得清清楚楚。可是，遇到拐卖婴儿这种事情，摄像头可能又不太管用了。面对肇事逃逸这种事情的时候，更容易确定这件事情是怎么发生的，在这种事情上摄像头类似于天眼。

但是，另一方面，比如经常有这样的事件，事件里所有的摄像头全都出问题了，全都坏了。也就是说，并不是上帝坐在摄像头后面，坐在摄像头后面的还是人，有人就有人的立场，就有人的利益倾向。我们看到过的很多历史照片都是经过修改的。现在新版本的照片出来了,我们才知道,原来这张照片里这个位置不是空白,而是把某人抠掉了。抠得天衣无缝,那时候还不是数码时代呢,胶片时代我们就可以有这么大的本领,所以"有图有真相"也不可迷信。

当然,你说得对,一方面科技的发展确实使我们仿佛可以接近天眼,但是另一方面,也使我们在辨别真伪的时候,尤其在揭穿假象的时候难度更大了。你想,数码时代我们修一张照片,靠肉眼根本看不出来,要用比较专业的技术手段进行综合比对,才能确定这个人实际上有没有参加这个会。技术在细节上也许会给我们很多帮助,比如现在开一个会,会议记录可以做得事无巨细——开什么样的会、谁来参加等,这么多人都有手机可以拍摄,记录会相对容易很多。相比之下,许多会议,究竟有多少人与会,甚至准确的日期都存在争议。所以我们只能说,在某些细节上,技术确实能够提供帮助。但是,技术并不是天眼。

此外,还有一个蒙太奇效应。大家知道,蒙太奇是重要的电影手法。把两个无直接关系的镜头拼接在一起,会产生新的意义。同样的两个镜头,拼接次序不同,产生的意义也不同。即使摄像头拍摄的素材没有被修改,不同的剪辑方式,也会产生不同的意义。而剪辑是无法避免的,因为你不可能播放无穷长的素材。而历史学家,恰恰是史实的剪辑师。

8. 辉格史的魔咒

辉格史是在科学史领域有重要影响的概念。1965年,英国历史学家巴特菲尔德(Herbert Butterfield,1900—1979)出版了一个小册子——《历史的辉格阐释》,提出了"辉格史"这个说法。

这个说法首先是用来指"英国史"中的一种现象。辉格党是英国历史上的一个重要党派,活跃于17、18世纪,是今日英国自由党的前身。巴特菲尔德用这个词来描述某些英国史著作的写作方式:按照今天的辉格党（自由党）的立场，对历史上的事件进行评价。那些符合今天辉格立场的事件，就被评价为进步，就是好的事件；反之，就是落后，就是坏的。

这个术语在科学史领域产生了重大的影响，成为科学史家常用的术语，被用来评价以往的和当下的科学史著作。很多科学史著作把科学的历史描述成一个线性进步的历史，仿佛存在着一个从哥白尼到伽利略到牛顿的无缝对接，这样的科学史就被称为辉格史。

如果我们相信历史存在一个真正的、本来的面目，那么辉格史无疑是对历史的歪曲。所以"辉格史"一度是严重的贬义词。于是，如何避免辉格式的写作，也成为科学史家一度热烈讨论的话题。有趣的是，巴特菲尔德自己也下水写了一部《近代科学的起源》，但是，也被其他科学史家认为有辉格史的嫌疑。

辉格史能否避免，与本来面目能否获得，其实是同一回事。而辉格史的魔咒在于，人们很快发现，拒绝辉格是不可能的。

我们从一个最简单的现实出发，来看这个问题。前面我们强调了一件事，历史都是人写出来的。现在我要强调另一件看起来不起眼的事，历史书的长度都是有限的。

我们不可能写一个无穷长的历史，我们只能在有限的时间，讲一个有限的故事。

在电影的历史上，出现过这样的讨论和实践。法国电影理论家安德烈·巴赞（André Bazin，1918—1958）相信电影可以表现生活的本来面目。就有一位导演拍摄了一个人一天的生活，完全跟拍，真实记录，不加裁剪。按照真实反映的预想，24小时生活的电影就得有24小时，也需要放映24小时。这个人的生活再精彩，这个电影也是没有几个人想看的。他总得睡觉，就算他只睡3小时，会有人愿意坐在电影院里看他睡3小时吗？

更加糟糕的是，即使如此写实，仍有人指出，这不是生活的本来面目。因为只有一台摄影机，只有一个机位，这个机位的位置、高度、视角，都与摄影师有关,都具有主观性。

一部好看的电影,不可能是完全忠实于生活的。一定要对生活进行剪裁、编辑。在这个过程中,就有作者的主观意愿参与其中。

历史也是这样。粗略地说,历史是一个故事,故事是由史料构成的,而史料是无限的。那么,任何历史学家,必然要对史料进行选择。哪些是重要的,哪些是可以忽略的;哪些是要浓墨重彩的,哪些是要轻描淡写的。如何选择,则关乎史学家的观念、信仰、趣味、境界、理论……

仅仅是把史料按照时间次序排列在一起,还不能叫历史。历史学家还必须指出史料之间的关系。两个史料之间是否存在关系,存在哪些关系,这又关乎史学家的观念、信仰、趣味、境界、理论……

这就说明,在具体的历史写作中,"历史的本来面目"是无法达到的,辉格是不可避免的。于是我们可以得到这个结论:

一切历史都是辉格史。

但是,巴特菲尔德的价值在于,他把这个问题给凸显出来了。从此引发了一场关于科学编史学的讨论。科学编史学,也成为科学史的一个分支。所谓编史学,当然就是讨论如何编写历史。[1]

所有历史都是辉格史,不同之处在于,以往的历史学家可能是不自知的辉格史家,而此后的历史学家,应该是自知的辉格史家。

与前面的讨论对应,不自知的辉格史家以为自己拥有上帝视角,在书写"历史的本来面目"。而自知的辉格史家则明确地知道,自己并不拥有上帝视角,他只是在写一个他所看到的历史。

当然,他可以努力跳出来,努力从他人的视角回过头去看自己,去看自己所写的历史,让自己所写的历史相对全面客观一些。但是对于还原上帝视角的本来面目,则不再奢望。

---

[1] 国内最早从事科学编史学研究的学者不多,最早是清华大学的刘兵教授。他著有《克丽奥眼中的科学》,山东教育出版社1996年出版第一版,上海科技教育出版社2009年出版增订版。

9. 哪些是我们看到的，哪些是我们的理论和想象

下面是物理学家约翰·惠勒（John Wheeler，1911—2008）喜欢用的一幅示意图。这个 R，代表实在（reality）。惠勒说，实在是由观察的铁柱，加上其间的理论和想象混合而成的某种东西。

物理学家要努力给出关于实在的一个完整的图景，但是，物理学家对实在的观察，永远是有限的。我们只能根据有限的观察，即那些铁柱，来建构一个完整的图景。

但是，存在两种可能性。其一，出现了新的观察的铁柱，与原来的整体图景不能兼容，必须寻找新的图景；其二，依然是原来的观察，只不过，出现了新的解读方式，使得整体图景发生了变化。比如，在惠勒的这幅示意图中，这些铁柱可以解读成 R，也可以解读成 B。

可以与之类比的还有这幅少女老妇图，完形心理学中经常用它来解释

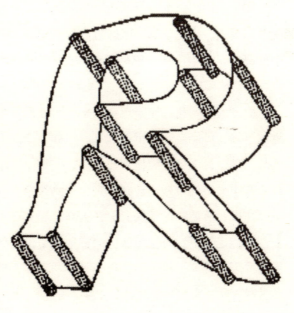

惠勒的实在图示。实在是由一些观察的铁柱及其间的理论和想象混合而成的

这个图案的创意最早出现在1888年德国的一幅明信片中。美国漫画家希尔（William Ely Hill, 1887—1962）根据这个创意制作了一幅更精心的漫画，发表在1915年11月6日出版的美国著名幽默杂志《帕克》（Puck）杂志上，题为《我的妻子和我的岳母》，附有文字说明："她们都在这幅画中，找到她们。"1930年，美国实验心理学家波林（Edwin Boring, 1886—1968）在一个心理学杂志上介绍了这幅画，题为《又一幅模棱两可的画》。此后，这幅画成为心理学教科书中的经典插图。此图并非希尔的原作，是教科书中常用的简写版

Ⓢ Public Domain

人的认知机制。每个线条，每个墨点，都可以视为一个观察的铁柱。同样一些线条和墨点，即同样一些观察的铁柱，通过我们大脑的处理——理论和想象——既可以解释为少女，也可以解释为老妇。当然，同一个线条和墨点，在不同的完形下，被赋予不同的意义。比如，构成少女耳朵的那部分线条和墨点，在老妇的完形中，被解释为眼睛。

在历史中，一个一个的史料就是一个一个观察的铁柱，就是一个一个线条和墨点。历史学家只能通过有限的史料，讲一个完整的故事。在史料中的部分，是由历史学家的理论和想象建构起来的。即使同样一些史料，也可能讲出不同的故事，同一个史料在不同的故事中则被赋予不同的意义。

故事发生变化，原来重要的事件可能就不那么重要了；而原来微不足道的事件，可能会变得重要起来。比如，以前人们常说，哥伦布发现了新大陆。这个说法已经流传了几百年，人们一直不觉得有问题。但是，当欧洲中心主义遭到质疑，遭到批判，遭到否定，这种说法就出现问题了。美洲原住民，所谓的印第安人，在美洲已经生活了多少万年，就算美洲是被发现的，也轮不到哥伦布啊。同样地，哥伦布到达美洲，从欧洲人的角度看是发现了美洲，是开疆扩土，是丰功伟绩；但是在美洲原住民看来，则是外敌入侵，是生灵涂炭，是永生不复的浩劫。

与之类似的一件事，前些年中学课本中，不再称岳飞为民族英雄，引起了很多争议。岳飞是民族英雄，这是从汉民族的视角来看，是从中原文化的视角来看。现在，岳飞当年的对手女真人已经消失了，女真人的后裔现在是中华民族的一部分，教室里有些同学就是女真人的后代。如果岳飞是汉民族的民族英雄，那么，金兀术就应该是女真人的民族英雄。这样才能体现民族平等。

理论与想象，正是我们认知世界的基本机制。理论与想象是不可消除的，所以辉格史是不可避免的。而关键的问题在于，自知与不自知。

老子曾说："自知者明"。

网络时代，信息传播非常之快。很多事情刚一发生，网络上就有铺天盖地的消息，就有网民义愤填膺、痛心疾首、口诛笔伐……但是，在这些故事中，有多少是我们可以确认的事件，是观察的铁柱，有多少只是我们或者信息传播者，自己的或者被告知的理论和想象。

下面这幅图看似简单，但其实是一幅恐怖画。有个网络用语叫作"细思恐极"，意思就是细加思量，恐怖至极！

因为你能看到一个根本不存在的白色的三角块。

心理学教科书中常常出现的一幅说明认知机制的示意图，意大利心理学家加塔诺·卡尼萨（Gaetano Kanizsa, 1913—1993）设计制作，被称为卡尼萨三角（Kanizsa triangle）
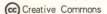

第二讲 | 历史的细节

> 10月9日中午，孙武等人在指挥部里配制炸药。此时刘仲文的弟弟刘同也来了，他点起一根烟，兴致勃勃地在一边看炸药。
>
> 据说他实际上是炸药的出资人，所以谁也不好意思提醒他：为了健康更为了安全原因，要熄烟不要吸烟。
>
> 烟瘾过完，刘同看看周围，找不到烟灰缸，只有旁边一个脏兮兮的盆子像是装垃圾的。于是那一刻乔丹附体的他，将还在冒烟的烟头精准无比地丢了进去。
>
> ——作者 iC70，首发于微信公号"谈资有营养"，2016年10月9日

1. 从一篇神秘的公号文章说起

在上课之前，我隆重推荐了当时流传的一篇微信公号文章《一个帝国的崩溃，有时竟是因为找不到一个烟灰缸》[1]，作者对辛亥武昌起义前后发生的事情做了貌似戏谑的讲述，但是其中有丰富的史料，史料中有精致的

---

[1] 这篇文章流传很广，被至少几十个公号转载，也被更换为各种标题，直到2018年还有公号在转载。但是作者却很神秘。我试图寻找最原始的出处，这个工作类似历史考据，也是一种基础的学术工作。按照我的考证，这篇文章最早出现于微信公号"谈资有营养"，题如正文，2016年10月9日发布，正好是辛亥革命纪念日的前一天晚上，作者署名 iC70。iC70 有很多著名的公号文章，但是至今为止，我只知道 iC70 是四川人。

细节，也有颇为高明的史见。故事大致如下：

1911年9月24日，革命党人做了周密的计划，决定10月6日，即农历八月十五于湖北、湖南同时举事，湖北方面以刘仲文为总理、蒋翊武为军事总指挥，孙武为军务部长。不过风声走漏，湖广总督瑞澂宣布中秋不放假，全城戒严，新军官兵不得外出。起义者们后来决定将起义推迟到10月16日。

但是，到了10月9日，在作者讲述的前面所引的细节中，那个脏兮兮的盆子里面装的是炸药。

孙武当场被炸得面目全非，多人受伤进医院，刘同却安然无恙。指挥所设在俄国租界，爆炸引来了俄国巡捕，他们控制了现场，发现了剩余的炸药。劈开柜子，又发现了起义名单、旗帜、通告、弹药、印信。这些全部被移交给清政府湖北当局，于是起义骨干被一网打尽。

然后，作者又讲述了各种戏剧性的细节和各种反转的剧情，武昌起义在没有组织、没有领导的情况下，于第二天非常偶然地发生了，并十分意外地成功了。

按照作者的讲述，在武昌起义发生的过程中，一直存在着多种可能性，一条路出现几条岔路，各种随机和偶然推动历史走向了其中一条；不久之后，又出现了几条岔路，各种随机和偶然推动历史又走向了其中一条……就是我们现在所处的这一条。如果在这个过程中，历史走向了任何一条别的岔路，武昌起义都可能不会发生。大清王朝亡于一个烟灰缸，这当然有恶搞的成分，很吸引眼球。但是，也凸显了细节的重要。

这一讲我要讨论的，就是细节，历史的细节。

历史的细节，这并不是一个术语，不是一个学术概念，没有严格的界定。我们尽管从日常语言来理解，可以是微小的事件，也可以是微小的原因。在下面的讨论中，我也是在很宽泛的意义上使用这个词。

2. 细节与魔鬼

几年前，我在哈佛访问的时候，与史蒂文·夏平（Steven Shapin）闲谈，问他是否愿意来北京访问，他说非常愿意。我很高兴，接下来就与他讨论具体的时间段和演讲内容，他说"detail is the devil"，这是我第一次听到这句谚语。这则西谚还有另一种说法"the devil is in the details"，两者意思相仿，都有很大的解读空间。

夏平的意思是说，总体意向容易决定，但是一旦要具体落实，就会陷入琐碎的细节，使人望而却步。

回国之后，发现这句西谚已经被引进过来了。有一本关于社交礼仪的作品就用了这句话做书名。书中强调的是握手、微笑、告别，以及衣装、衣装上的配饰、配饰的材质之类细节的重要性，再有就是如何改进这些细节。而与此相关的话还有一句，叫作细节决定成败。

又想起一篇著名的微信公号文章，讲饭局之道。说的是饭局上的高手，一顿饭下来，不用问话，就能把每个人的身份、阶层、教养、资历、资产、性格等摸得一清二楚。这就应了一句成语：见微知著。

我年轻时看过一篇文章，讲文学创作中的细节。不记得作者了，但是还记得部分内容。说的是，如果一篇小说，开篇就写一个人被天上掉下来的一个东西砸到了脑袋，一看是一块人造卫星的碎片。读者可能会觉得不可信。但如果小说先做一些铺垫，讲自从1957年第一颗人造卫星发射上天以来，人类至今一共发射了多少火箭、卫星和航天器，现在在天上运行的有多少，有多少已经退役废弃了，它们飘浮在太空中，被陨石撞击，被宇宙射线风解，然后，再写一个人被人造卫星的碎片砸中了脑袋，由于读者已经被带入了你的语境，第一反应就不会是真的假的，而是什么卫星、砸得怎么样。这就是细节的力量。这篇文章说，虚构的情节要想让读者信服，需要有描绘细节的功力。

历史写作也是这样。一个好的历史，需要有深入的细节。

细节是有层次的。可以用摄影比喻。摄影讲究景别。我研究垃圾，我经常拍垃圾的照片。比如在珠峰下面有一片垃圾。我需要有一个全景，把垃圾和珠峰拍到一起，这样才能说明，这个垃圾是在珠峰脚下。但是在这个全景中，垃圾一定特别小，看不清楚是什么，甚至也看不清垃圾所处的具体环境。那就需要把镜头推进，拍一个中景，看看垃圾是在水塘边上，还是在草丛里面。在中景的镜头下，我可以大致看清楚这片垃圾里有什么，比如塑料袋、易拉罐、胶片盒、食品包装、旅游鞋等。再接着，我还可以拍近景，拍特写。在特写中，能看到易拉罐上面的字，知道易拉罐的牌子。但是，在我拍特写的时候，珠峰可能就不见了。要把这事交代清楚，就需要一组不同景别的照片，从远景到特写。

在历史叙述中，也需要不同的景别。大历史当然要有全景叙述，比如1900年前后的世界形势，这是大全景。但是如果没有细节，这个历史就不够生动。所以需要改变景别，瞄准某一个事件，深入下去。刘华杰热爱摄影，他还专门写过人文学术的变焦方法。历史写作中，尤其需要改变景别。这样的历史就有细节。

近景和特写是不同层次的细节。特写非常重要。有些人不注意特写，只到近景就停下来了。要敢于把镜头推上去，再推上去。然后发现，改变历史的是一个烟灰缸。

还可以拿地图类比。同样一张A4纸，可以画一幅全国地图，也可以画一幅校园地图。二者的细节是不一样的。我们不能要求每个画全国地图的人，都能画出每个县的地图，每个村的地图。但是，如果这个人画过至少一个村子的地图，他画全国地图的时候，手感会不一样。其实，有些地图也是会变焦的。我们常常见到这样的地图，比如一个城市的地图，会把城市的某一个特殊的地区放大，画到旁边或者背面，那这幅地图里就有两个景别了。

历史也是这样，需要有不同的景别。我喜欢有特写的历史。

课堂讨论片段 IV

田老师：大家知道，在江西、湖南有很多地方是以制作烟花爆竹为业的，一个一个的小作坊，特别多，能连成一条街。他们都知道爆竹爆炸的威力，但还是经常会有小作坊爆炸，常常是一炸一条街。

学生（李亚娟）：我想起关于战争有一个挺有名的说法，就是一匹战马的马蹄铁没了，那匹战马就折了，战马没了，一个将军就没了，然后一场战争就输了。

田老师：对，这就是著名的蝴蝶效应。一个小的变量产生巨大的后果。我给大家推荐的文章，大家都看了吧？我们从这个故事里可以看历史的偶然性。不知道大家怎么评价这篇文章。

学生们：看了。

田老师：我觉得挺有意思，不过有人不相信，觉得假，人家讲了如此丰富的细节，为什么会觉得假呢？

学生（李亚娟）：因为它里面还原了一些心理活动。比如一开始那个布告就说，大概意思是如果那个总督只抓住主谋，其他人都大赦的话，这件事情可能就不会发生了；还有一个细节，里面的一个营长去巡视，看到两个兵是抱着枪睡的，然后作者就进行一个对比，把人家的心理活动都描述出来了，说如果安慰一下他们，说你们是安全的，后面的事也不会发生。我觉得说的就好像他回到了那个场景中一样。

田老师：这个部分可以讨论一下。一方面，上帝视角不可能达到；另一方面，又要讲一个完整的故事。问题就是，我们在什么程度上允许这些内容？柯林伍德就讲过，一个物理学家告诉我们地球是怎样绕太阳运行的，但他不需要告诉我们地球是怎么想的，他只要告诉我们它怎么转就行了。但是历史学家不同，比如，那个凶手谋杀恺撒，他如果不告诉我们凶手是怎么想的，那就只是史料的堆积，就还没有进入到历史。柯林伍德还说，一个历史学家必须有能力回到历史的状态，让历史重演。重演的过程中是包括人的心理活动的，既包括个人的心理活动，也包括社会的心理状态。这个悖论怎么解决，前面咱们也说过，辉格不可避免，但是有自知的辉格，有不自知的辉格。这篇文章属于自知的。注意他用的是如果，相当于一边讲故事，一边给故事里的人出主意。

我让大家读麦克莱伦第三和丹皮尔，让大家对比、比较，大家有没有感受到，书里面哪些东西是属于细节的部分？哪些是属于大的脉络的部分？

学生（李亚娟）：细节想不起来了。

田老师：脑子里就剩下大框架了？

学生（李亚娟）：对。比如麦克莱伦第三一直在强调工程的重要性，这跟他的视角有关系。在麦克莱伦第三的书里面，细节应该是怎么体现出来的？他也没有描写一些心理活动啊？

田老师：强调细节，并不一定要描写心理活动啊。

烟灰缸，在整个大的历史背景下是一个特别小的事情，小到根本不值一提。这个事件对于历史来说就是一个细节，甚至是一根汗毛，但是在那篇文章的建构下，这个细节引起了一系列连锁反应，导致了清王朝的崩溃。如果允许你精心地选择史料，允许你随意地剪辑史料，你可以建构出你想要的任何东西。我可以用每个真实的细节建构出一个虚假的整体框架，或者说我根本不用说谎，只是有选择地把这些东西呈现给你看，你的脑子里就会得到一个虚假的整体框架。

3. 细节决定成败：逃离德黑兰

历史中充满偶然。我从美国回来的时候看了一部电影 *Argo*，中文名字叫《逃离德黑兰》，导演为本·阿弗莱克（Ben Affleck），这是2012年的电影，获得第85届奥斯卡最佳影片，从细节决定成败的角度特别值得一看。它是根据真实事件改编的，讲的是1979年伊朗人质危机。霍梅尼上台之后，美国大使馆被伊朗革命军攻占了，使馆工作人员都被革命军扣为人质。只有

电影《逃离德黑兰》海报
ⓒ Warner Bros.

六个人逃了出来,他们东躲西藏,最后被加拿大使馆收留了。几个月后,加拿大使馆接到加拿大政府的指令,关闭使馆,所有人撤回,这六个人也就不能再躲下去了。

美国大使馆被攻占之前,使馆用各种方式销毁文件,粉碎、焚烧。但是时间紧,销毁得不彻底。伊朗革命军找到了被碎纸机粉碎的一些文件的碎片,他们发动了人民群众,找了很多孩子,把这些碎片像拼图一样,慢慢地往一起拼。他们拼出了使馆人员的花名册,于是他们发现,人质里少了六个人,于是他们知道有六个人跑了,就全城去找。后来,他们还拼出了六个人的照片。

如果这六个人被抓住,恐怕就没命了。在霍梅尼的追随者看来,帝国主义就是敌人,伊朗革命群众汹涌澎湃,杀一个外国人根本不当一回事。在电影里边有一个镜头,街头的电线杆子上吊着一个人。这个细节能够让观众感受到当时的气氛。

美国中情局委托一位专家托尼·门德斯（Tony Mendez）来解救这六个人。此前他们已经想了各种办法，比如用假证件，伪装成国际教师，但是霍梅尼上台之后，伊朗已经没有什么国际教师了。总之各种方案全都被否决了。

电影中，托尼跟他儿子打电话的时候，他儿子在看电影，他就问他儿子看的是几台，他也调到那个台，跟他儿子一起看，通过电话，一边聊天，一边一起看电视。他们看的这部电影是有点魔幻、科幻性质的那种，一帮像猴子一样的人在爬山。

托尼灵机一动，想到一个办法。假装是一个加拿大摄制组，去伊朗拍一部以中东为背景的电影，那六个人都假扮成摄制组成员，并分派他们编剧、摄影师等角色。这个计划被批准了。然后，托尼就开始做这件事，把这个故事做成真的一样，先派人注册了一个公司——"第六电影工作室"（The Sixth Studio），并请他在好莱坞的朋友，一位化妆师和一位制片人来负责这个工作室。然后，这个工作室买了一个剧本，是某一位编剧早就写完，但一直没有卖出去的。这个工作室在好莱坞租了办公室，配备了专门的办公电话。再后，他们通过报纸、杂志、海报宣传这部正在拍摄的电影，就像真的要拍这部电影一样，他们还印制了分镜头剧本。

在电影中，两条线索在同时进行着：一方面使馆的六个人在紧锣密鼓地假装拍电影、看外景，另一方面伊朗的小孩们在拼碎纸。使馆那六个人，每个人要记住自己新的身份、新的角色，要把自己新的简历背熟，并且对这部电影的故事情节也全都要背熟，到了最后一天，他们把一切都准备好了，托尼·门德斯来到德黑兰，见到了这六个人，进行最后的培训，准备带他们走。

结果，出发前一天，中情局告诉托尼，说这个行动取消了，中情局不能承担这个责任。中情局认为，这个方案没有办法成功。机场有三道关，在机场一定会被发现。美国政府认为，如果伊朗人把六个美国的外交官杀了，就会激起全世界人民的义愤，所以美国政府决定牺牲这六个人，取消这次计划。于是，这六个人的机票便都没有了！

但是，这六个人已经训练得很好了，他们满怀希望等着第二天上飞机。托尼想了一夜，第二天凌晨，他给中情局负责人打了一个电话。他说：一件事情总是要有人负责的，我来负责这件事情，我要带他们走，剩下的事情你来安排。然后，就把电话挂了。他的上司着急了，马上往上一层一层打电话，最后打到总统那里，总统说，既然他们已经行动了，咱们就配合吧。于是中情局就重新启动救援计划。这些人到了机场，机场办理登机手续的人查看系统，说，没有你们的机票。托尼特别沉着，说你再查一遍。就在重新查的过程中，机票重新发布了，他们过了第一关。

第二关是海关。海关是伊朗政府的工作人员。外国人在进入伊朗的时候，海关会发一个小单子，上面应该写着进入伊朗的时间和机场，允许他们停留多久之类的信息。在离开伊朗的时候，要把这个小单子交回去。海关工作人员要逐一核对。托尼进入伊朗的时候偷了六张小单子，分给这六个人，宣称他们是同时入境的。但是海关人员没有找到底单。这六个人咬定自己都有这份单子，托尼造假的本事也很强，这些单子证明他们是两天之前进入的伊朗，而不是已经在伊朗很长时间了。他们又把伊朗文化部认可他们拍电影的信拿给海关人员看，表明是你们政府同意我们拍的。海关人员不是激进的革命军，因此就让他们过去了。

最后一关是霍梅尼的革命军。革命军全都拿着枪，一群大胡子把几个人团团围住。这六个人中有一个会说波斯语，他就拿着分镜头剧本，用波斯语跟他们讲要拍的这个电影——飞船从哪里降落？公主怎么了？这个战士又怎么了？——讲得眉飞色舞，把这帮人全忽悠了。但是革命军的头儿说还得核实一下。他们就给托尼名片上的好莱坞办公室打电话。

电话另一端的好莱坞，两位负责人一大早接到消息说计划取消了，很失落。两个人跑到外面去喝咖啡，办公室就空了，没有人接电话。过了一阵子，其中一人觉得不安，说还是应该回去看看。两人在回办公室的路上，遇到一个摄制组正在拍摄，封锁了道路，他们只好等人家把这场戏拍完。

在这段时间,办公室里电话一直在响。一边是中情局从纽约给他们两人打电话,另一边是伊朗革命军往这里打电话。好莱坞的那两位已经等了一会儿,十分焦急。忽然其中一位直接闯进演出现场,不等了。他回到办公室,电话铃还在响着,他一把抓起来,说自己是某某摄制组。机场的革命军说,我找托尼·门德斯。这边回答,门德斯正在中东采景,有什么事我可以转告他。一切都对上了,革命军放行。这些人过去的时候,登机门几乎要关闭了。他们马上往外冲,扒开铁门,坐上摆渡车,登上了瑞士航空公司的航班。

在这个时候,使馆那边的伊朗儿童把这几个人的照片拼了出来,革命军开车奔向机场。他们到机场的时候,登机口已经关闭,瑞士航空公司的飞机正在等待出发。革命军冲进机场,登机门已经关了。机场跑道上前一架飞机刚刚起飞,这架飞机进入跑道。革命军砸开登机门,冲进跑道,去追飞机。飞机进入跑道,开始起飞。革命军冲进塔台,拿枪对着塔台员工说,让飞机停下来。就在这时,飞机腾空了。机舱里的人透过窗口,看着革命军开着车在追。很快,飞机广播说,我们已经离开了伊朗的领空。机舱里一片欢呼。

托尼·门德斯得到了中情局的最高嘉奖,好莱坞的那位制片也得到了一个嘉奖。不过,他们却不能对人说这件事,连家人都不能说,奖章也不能拿回家给太太看。直到几年前,这段历史过了保密期,才有了这部电影。

电影惊心动魄,遍布精彩的细节。任何一个环节出了问题,整个行动都会失败。

当然,电影不是历史,而是历史的一个片段,是历史的影子。

豆瓣上有一篇影评,作者网名是"灯青月明",此人说:电影虽然是根据真实事件改编的,但是编导做了取舍,也有虚构的成分。

我从两个角度,继续说这件事。

首先,还是细节,我再强调一下。

托尼设计了逃离计划,让六个人伪装成一个电影剧组。可能一般人会觉得,伊朗人不会知道美国和加拿大在拍什么电影,只要带到伊朗的证件和文件准备齐全就行了。但是托尼真的成立了一个公司，真的买下了一个剧本，真的租了办公室，印了名片，并且真的按照一般好莱坞电影的宣传模式，让这部"电影"上了海报、报纸、电视。这些细节都发生在伊朗之外。

在电影中，很多细节都发挥了神奇的功能，包括在好莱坞租的办公室。这些细节使得这个计划更加结实，经得起追问。你有一个公司，就得有个办公室；有个办公室，就得有部电话；有部电话，就得有人接电话。虽然，这部电话只用上了几秒钟，只有两句问答。但是，没有这几秒钟，没有这两句问答，整个计划就失败了。

一部电影能够成功，仅仅是因为题材好，立意好，价值观被人接受，是不够的。需要有大量精彩饱满的细节，才能把整个故事撑起来。比如前面说过的那个电线杆子上吊着人的镜头，虽然只是背景，一闪而过，也起着作用。

其次，我们谈历史。电影当然不是历史，即使是根据真实事件改编的，也不能作为历史。但是，对于公众来说，对于这部电影的绝大部分观众来说，他们对这段历史的理解，就来源于这部电影，且只来源于这部电影。对于这些人来说，电影就是历史。正如我们今天很多人，对于三国历史的了解，就来源于《三国演义》，不管是小说、评书，还是电视剧。我们很多人对清代历史的了解，就来源于各种大帝、各种宫斗的电视剧。

在这个意义上，我们可以把这类电影看作历史，一种辉格史。

我对这段历史没有深入研究，我就根据灯青月明的影评，做一些评论。按照灯青月明的说法，注意啊，这里我强调了，"按照灯青月明的说法"，我就把关于下列陈述之真实性的责任推给灯青月明了。如果我是作为历史学家在写一部历史，我还需要考证灯青月明的身份、资格，对其是否对这段历史有足够的了解，是否是这个方面的专家，还要交叉论证。不过，我现在只是用这件事打一个比方，并不想对这个事件进行详细的考证。所以我就简单地给出出处。

按照灯青月明的说法，电影中忽略了一位重要人物，加拿大驻伊朗使馆的二把手，首席移民官约翰·薛顿（John Sheardown）。从伊朗人质危机爆发到这六个人逃离德黑兰，1979年11月10日到1980年1月28日，历时近三个月，其中有四个人一直住在薛顿的家中，后来还有第五个人。在这个营救事件中，薛顿起到的作用不亚于大使肯·泰勒（Ken Taylor）。但是，在电影中，薛顿根本没有出现。灯青月明认为，电影过多地强调了托尼·门德斯的作用，而弱化了其他方面的功劳。比如，加拿大政府同意给这六人加拿大护照，并通过外交渠道运来全部身份文件。加拿大使馆人员也在培训这六个人，让他们的行为言谈更像加拿大人。更不用说，近三个月以来，加拿大人要把这六个人完全藏起来，不露痕迹，还要照顾他们的饮食起居。而托尼·门德斯在伊朗只待了四天。

　　Argo 计划固然是托尼提出来的，但是灯青月明说，托尼设计的各种细节其实不像电影里的作用那么大。电影里有很多虚构的成分，比如中情局并没有在前一天晚上说停止行动，所以也不存在在机场办理登机牌一开始说机票不存在的情节。没有伊朗儿童在美国使馆拼纸条，所以也没有伊朗革命军追飞机的桥段。登机前没有革命军拦住他们，所以并没有给好莱坞打电话，他们也不需要讲述电影情节。在过海关的时候，的确有一个惊险时刻。海关官员在看这几个人的护照时，忽然站起身，走进办公室，不过，在众人提心吊胆的时候，那人回来了，他只是给自己倒了一杯茶。

　　灯青月明还说，导演本·阿弗莱克在电影上映后，还专门打电话给薛顿表示歉意，说他充分了解薛顿在营救中的贡献，只是由于"长度、戏剧性和成本"而没有在电影中表现出来。

4. 从鸽子窝到诺贝尔奖

　　下面我给大家讲一段带细节的科学史，先不说从故事里面能够得到什么，先听故事。在科学史中有很多重大发现是意外碰到的。这个故事是偶然发现的一个经典例子。

20世纪60年代初期,美国贝尔电话实验室做了一套巨型天线。这套天线是用来干什么的呢?用来接收卫星的微波信号。这套天线特别敏感,能够接收到非常微小的信号,它的定向灵敏度超过了当时所有的射电望远镜。

1964年,贝尔实验室的两位工程师彭齐亚斯(A. A. Penzias)和威尔逊(R. W. Wilson)对这套天线进行测试。天线是接收信号的,如果它对准太阳,太阳有辐射,有辐射就是一个射电源,就会有一个很大的信号;如果对准某一颗星星,也会有信号;如果对准太空,在没有任何天体的方向,就不应该有信号。但是,他们发现仍然有信号。信号很弱,类似于背景噪声。噪声,就是在信号应该为零的地方,出现了微小的信号。而按照这套天线的精度,不应该有这个噪声。

他们就调整这套天线,想把噪声调没。但是怎么也无法让噪声消失。最初,他们认为是天线的问题,对天线进行了彻底的检查。他们发现天线上有一个鸽子窝,那么,是不是鸽子窝影响了信号接收?他们就清除了这个鸽子窝,结果噪声依然存在。

既然噪声无法消除,就测量噪声本身。他们发现,在波长7.35厘米处的微波噪声为绝对温度3K左右。无论将天线指向什么天区,微波噪声都存在。进一步的观测表明,这个微波噪声不仅与方向无关,也与时间无关,无论白天黑夜,无论春夏秋冬,这个噪声都没有变化。

这使他们相信,这种各向同性而均匀的噪声来自外层空间。由于天顶方向与地平方向的大气厚度不同,所以此噪声不会来自地球大气层;又由于银河系的物质分布并非各向同性,所以也不会来自银河系。因此,这种背景噪声只能来自更深广的宇宙。

这时候他们两个人根本没有听说过大爆炸理论,因为完全不在一个领域。

几乎在就同一时间,1964年,欧美和苏联的几位天体物理学家又想到了被冷落十几年的大爆炸理论,他们推断,如果大爆炸成立,现在宇宙中应该存在绝对温度为几 K 的微波背景辐射，其中厘米波段的辐射强度应该能比肩射电星系，可以被观察到。普林斯顿的几位物理学家狄克（Robert Henry Dicke，1916—1997）、皮布斯（Phillip James Edwin Peebles）、罗尔（Peter G. Roll）和威尔金森（David Todd Wilkinson，1935—2002）甚至还设计了仪器，打算探测微波背景辐射。

这时，彭齐亚斯找到了狄克，给他讲述了他与威尔逊的发现。狄克立即意识到，他们所发现的，就是他们想要找的宇宙大爆炸遗迹——"宇宙3K背景辐射"。狄克建议彭齐亚斯把观察结果发表在《天体物理杂志》（*Astrophysical Journal*）上，狄克本人则与皮布斯、罗尔和威尔金森在同期发表另一篇文章，对这个发现进行阐释。

K 是绝对温度，温度现在被定义为分子平均平动动能的量度，0K 就意味着分子绝对静止，世界就是僵死的世界，所以0K 是不可能达到的。3K 几乎是完全冻死了的状态。就是这个微小的波动，被贝尔实验室的天线捕捉到，被彭齐亚斯和威尔逊观察到，并且发表在一份与他们自己的专业无关的杂志上，拯救了大爆炸学说。

后来的结果是，1978年，彭齐亚斯和威尔逊获得了诺贝尔物理学奖。

大爆炸理论会预言出3K 背景辐射，所以要去找3K 背景辐射，3K 背景辐射是一个极其微小的量。对于贝尔电话实验室来说，这种噪声完全是可以忽略的，它根本不会影响电话的通话质量。只不过彭齐亚斯和威尔逊这两个人有一点儿轴，换两个员工可能不会深究这个噪声，可能会把这个噪声解释成任何原因。比如，在这间教室里，我们都不说话了，但还是有其他声音，有人就琢磨这个声音从哪里来的。我们把所有的灯都关了，把外面的路全封锁了，还是有声音。他们一定要知道这个声音是从哪里来的，是什么声音。我们一般人会觉得有一点噪声很正常啊，虫子还叫呢！但是他们俩就是不相信任何别的解释，所以他们才能找出3K 背景辐射。也就是说，他们对于细节的执着，使得他们无心插柳地获得了诺贝尔奖。

这几个细节大家可以查一查，这属于科学史上比较著名的公案，这件事情让我们觉得历史有意思、很好玩儿。

还有一个小花絮,威尔逊是在帕萨迪纳的加州理工学院拿到的博士学位。这是帕萨迪纳与宇宙大爆炸的另一个关联。

这个故事还有别的花絮。在彭齐亚斯和威尔逊之前,有一个苏联无线电物理学家什茂诺夫（Tigran Shmaonov）,早在1957年就发现了宇宙背景辐射。但他是用俄文发表的,英语世界的人看不懂,他本人和其他苏联科学家都不知道这个发现的重要性,而知道其重要性的欧美天体物理学家则不知道他的工作。一直到1983年,什茂诺夫才知道大爆炸理论,同时也知道了彭齐亚斯与威尔逊的发现,知道了他们在五年前已经得了诺贝尔奖。但是,所有这些,都跟他没有关系了。

回顾这段历史,有很多事情耐人寻味。彭齐亚斯和威尔逊发现3K辐射是一个偶然,在发现之前,他们并不知道大爆炸理论,也不知道大爆炸理论早就预言了这个辐射,所以他们并不知道这个发现的意义和价值。而知道这个发现意义和价值的狄克等人,以及伽莫夫本人,都没有做出这个发现。

当然,我们可以想象,即使没有彭齐亚斯和威尔逊,宇宙背景辐射也会很快被"发现"。

"发现"这个词,我们需要把玩儿一下。以前我们常说"哥伦布发现了美洲",但是,前面说过,这个说法不够政治正确,隐含着一种"欧洲中心主义"的意识形态。相对中性一些的说法是,哥伦布在1492年到达美洲。但其实这句话也有问题,因为哥伦布至死都不知道他所到达的是一个被后人叫作美洲的地方,他以为那个地方是印度。

如果我们脱离语境地看,第一个发现被后人称为"宇宙微波背景辐射"的是苏联人什茂诺夫,但是在一般的科学史上,这个名字都不需要提。

回过头看,彭齐亚斯他们两位就更加幸运了。如果当时彭齐亚斯不是联系了狄克,他可能不会把他们的发现发表在《天体物理杂志》上。狄克也未必能知道这个发现。而当几年后,如果狄克自己观察到了这个现象,他会直接写文章,直接发表。那么,微波背景辐射这件事,也就与彭齐亚斯没有关系了。或者，如果狄克懂俄语，在1964年之前读到过什茂诺夫的文章，那么，获得诺贝尔奖的，就应该是什茂诺夫了。

但是，现在的结果是，彭齐亚斯和威尔逊获得了诺贝尔奖。而让大爆炸理论起死回生的狄克、皮布斯、罗尔和威尔金森，以及大爆炸理论的发明人伽莫夫，都未曾得到诺贝尔奖。[1]

实际上，伽莫夫本人在1953年也曾经预言了微波背景辐射，他给的量值是7K。

这个故事如果以大爆炸理论为线索，大致就是这样的。我在很多年以前，就不断地通过各种科普读物，不断地知道这些故事。各种细节慢慢累积起来，在我脑袋里混合成一个完整的故事。在这个混编的过程中，虽然我当时还不会注意甄别信息，会把所读到的书上的信息都当作"历史本身"接受下来，但是，最后留在我记忆中的部分，一定与我当时的知识储备、观念、关注点有着密切的关联。

这个"故事-历史"就已经内化成我的私人知识了，我随时都可以顺口讲出来。不过，为了讲好这个故事，我还是检索了一下英文的维基百科和一些科学史书，发现我记忆中的故事与其中的记录仍然存在一些偏差。我无法确定是我的记忆出了问题，还是我当时读到的材料出了问题。

比如，我记得彭齐亚斯和威尔逊把观察结果发表在了《无线电》之类的杂志上，而根据维基给出的线索，是发表在《天体物理杂志》上的。根据我的记忆，是他们发表了之后，才被狄克等人看到，写了深入阐释的文章。而根据维基的消息，则是彭齐亚斯先联络了狄克，并且同意与狄克等人同时发表文章。

互联网时代，资料检索相对容易。通过维基给出的链接，很容易就找

---

[1] 2019年年底，就在本书编校的时候，传来了消息，皮布斯获得2019年度诺贝尔物理学奖，理由是对于物理宇宙学方面的理论发现，此时，皮布斯84岁。那篇文章的第一作者狄克和第四作者威尔金森先后在1997年、2002年去世。第三作者罗尔早在20世纪70年代初期离开科研一线，到其他高校成为专职学术官员。还有两人因为其他成就与皮布尔斯共享了此奖，但奖金只占一半。

high pressure, such as the zero-mass scalar, capable of speeding the universe through the period of helium formation. To have a closed space, an energy density of 2×10^{-29} gm/cm^3 is needed. Without a zero-mass scalar, or some other "hard" interaction, the energy could not be in the form of ordinary matter and may be presumed to be gravitational radiation (Wheeler 1958).

One other possibility for closing the universe, with matter providing the energy content of the universe, is the assumption that the universe contains a net electron-type neutrino abundance (in excess of antineutrinos) greatly larger than the nucleon abundance. In this case, if the neutrino abundance were so great that these neutrinos are degenerate, the degeneracy would have forced a negligible equilibrium neutron abundance in the early, highly contracted universe, thus removing the possibility of nuclear reactions leading to helium formation. However, the required ratio of lepton to baryon number must be $> 10^9$.

We deeply appreciate the helpfulness of Drs. Penzias and Wilson of the Bell Telephone Laboratories, Crawford Hill, Holmdel, New Jersey, in discussing with us the result of their measurements and in showing us their receiving system. We are also grateful for several helpful suggestions of Professor J. A. Wheeler.

R. H. Dicke
P. J. E. Peebles
P. G. Roll
D. T. Wilkinson

May 7, 1965
Palmer Physical Laboratory
Princeton, New Jersey

REFERENCES

Alpher, R. A, Bethe, H. A, and Gamow, G 1948, *Phys. Rev.*, 73, 803
Alpher, R A., Follin, J W., and Herman, R. C. 1953, *Phys. Rev*, 92, 1347.
Bondi, H , and Gold, T. 1948, *M N*., 108, 252.
Brans, C , and Dicke, R. H 1961, *Phys. Rev.*, 124, 925.
Dicke, R. H. 1962, *Phys. Rev.*, 125, 2163.
Dicke, R H , Beringer, R., Kyhl, R L , and Vane, A B. 1946, *Phys. Rev.*, 70, 340
Einstein, A , 1950, *The Meaning of Relativity* (3d ed.; Princeton, N.J.: Princeton University Press), p. 107.
Hoyle, F. 1948, *M N*, 108, 372.
Hoyle, F , and Tayler, R J 1964, *Nature*, 203, 1108
Liftshitz, E M., and Khalatnikov, I. M 1963, *Adv. in Phys*, 12, 185.
Oort, J H 1958, *La Structure et l'évolution de l'univers* (11th Solvay Conf [Brussels: Éditions Stoops]), p. 163.
Peebles, P J. E. 1965, *Phys. Rev.* (in press).
Penzias, A. A., and Wilson, R. W. 1965, private communication.
Wheeler, J. A , 1958, *La Structure et l'évolution de l'universe* (11th Solvay Conf. [Brussels: Éditions Stoops]), p. 112.
——— 1964, in *Relativity, Groups and Topology*, ed C. DeWitt and B. DeWitt (New York: Gordon & Breach).
Zel'dovich, Ya. B. 1962, *Soviet Phys.—J.E.T.P.*, 14, 1143.

A MEASUREMENT OF EXCESS ANTENNA TEMPERATURE AT 4080 Mc/s

Measurements of the effective zenith noise temperature of the 20-foot horn-reflector antenna (Crawford, Hogg, and Hunt 1961) at the Crawford Hill Laboratory, Holmdel, New Jersey, at 4080 Mc/s have yielded a value about 3.5° K higher than expected. This excess temperature is, within the limits of our observations, isotropic, unpolarized, and

到了这一期杂志的全部扫描文件，PDF格式的。这样，我就可以看到杂志本身。两篇文章都发表在"给编者的信"这个栏目中，狄克的文章在前，共6页；彭齐亚斯的文章在后，共3页。两篇文章连在一起，所以狄克文章的最后一页也就是彭齐亚斯文章的第一页。[1]

在狄克文章的最后一节，他们感谢彭齐亚斯和威尔逊把观察结果告诉他们，并让他们参观了那套天线。然后，他们还感谢了约翰·惠勒的建议。约翰·惠勒也是普林斯顿的物理教授，是"黑洞"的命名者。我在中国社会科学院哲学所所做的博士学位论文，便以惠勒的量子思想为研究对象。

在这个故事中，还有另一个细节。在我的记忆中，贝尔实验室的天线是用来接收卫星微波信号的，而在英文维基百科有关彭齐亚斯的条目中，这套天线原本就是要用于射电天文学观察的。这样一来，彭齐亚斯和威尔逊的发现就不那么偶然了。

大多数人对一般历史的复述会满足于所读到的文献，我们所复述的精准程度，就完全依靠所读文献的精准程度。如果我们肯多花一点时间，比如找到这期《天体物理杂志》，那么，我们的复述就会更牢靠、更准确。

如果我们要继续深究，还有很多细节可以挖掘。比如，贝尔电话实验室为什么要做这套天线？彭齐亚斯和威尔逊在贝尔实验室的身份到底是什么？工程师？什么工程师？再如，彭齐亚斯是怎么认识狄克的？是以前就认识，还是为了他们的发现，专门去找的？

互联网时代给历史研究提供了很多方便。维基百科是一个很好的工具，很多词条写得非常专业。但是，作为学者，我们不能把维基作为标准答案，而应把它作为线索。比如，通过维基百科提供的链接，我一下子就看到了狄克和彭齐亚斯的文章，有具体的发表信息，那么，就相当于看到了一个物证，一份直接的史料。在1965年那一期的《天体物理杂志》上，的确有

---

[1] 两篇文章分别是：Dicke, R. H., Peebles, P. J. E., Roll, P. G. & Wilkinson, D. T., "Cosmic Black-Body Radiation", *Astrophysical Journal*, vol. 142, pp.414–419; Penzias, A. A. & Wilson, R. W., "A Measurement of Excess Antenna Temperature at 4080 Mc/s", *Astrophysical Journal*, vol. 142, pp. 419–421.

这么两篇文章。

有些重要的细节一旦发生变化，整个故事的解读就会发生重大的变化。

只有细节，不能保证我们就能够写出好的历史。但是，如果没有结实的、经得起推敲的细节，必然不能有好的历史。

5. 诺贝尔奖的不对称

国人特别在乎诺贝尔奖，我就接着讲另一个有关诺贝尔奖的故事。

大家熟悉杨振宁、李政道的名字，也知道他们获得了诺贝尔奖。不过，大家知道他们获得诺贝尔奖的那个理论叫什么吗？叫"弱相互作用下宇称不守恒"。大家知道这是什么意思吧？

牛顿力学把自然界中的关系用"力"来描述。我拿起一个东西，需要有一个"力"；这个东西自身有一个"重力"，我要克服"重力"做功，才能拿起它。我推动它，也需要用"力"。这个东西在桌子上滑动，它与桌面之间有"摩擦力"。在牛顿力学里有各种各样的力，自然界中，物质的相互作用，叫作"力"。

我们现在都知道万有引力，这是任何两个有质量的物体之间都有的相互作用。在原子核内部，有一种力量很强的相互作用，叫"强力"或强相互作用；还有一种力量比较弱的相互作用，叫"弱力"或弱相互作用。由于强力的存在，原子核就打不开。

下面说"宇称"。"宇称"是什么东西呢？微观世界有很多量是宏观世界没有的，我们就勉强用宏观世界的东西打比方吧。"宇称"就好像在宏观世界里照镜子那样，你站在镜子面前，镜子里的人跟你是镜像对称的，左右相反。

"宇称守恒"的意思是说，我做什么，镜中人做什么，比如我伸出一只手，镜中人也伸出同一只手；"宇称不守恒"的意思则是，我这边做什么，镜中人不跟着我做。

换一个说法是这样的。一个物理规律应该是各向同性的。比如，我拿枪往左边打，子弹沿着一个轨道飞行；我往右边打，子弹的飞行轨道应该是同样的、对称的。而"宇称不守恒"则意味着，往左右两边开枪，子弹的飞行规律不一样。"θ-τ"粒子在弱相互作用下的衰变情况，让当时的物理学家感到困惑，杨、李的解释是，在弱相互作用下，宇称不守恒。宇称守恒这个观念在物理学家头脑里是根深蒂固的，无论是在我们的个体经验中，还是在以往的物理学观察中，从来没有发现镜中人与自己的行为不对称的现象。所以宇称不守恒是一个极具革命性的观点。它关系到我们对空间属性的基本理解。

但是，诺贝尔奖通常不会奖励给特别纯粹的理论。如果一个理论仅仅停留在思辨上，就不会获得该奖，比如霍金（Stephen William Hawking，1942—2018）就没有得到过诺贝尔奖。霍金的"弦理论"和现实的距离极其遥远；爱因斯坦的"相对论"也没有得到诺贝尔奖，他获奖是因为他对光电效应的解释。杨振宁、李政道的理论虽然很了不起，但是光凭这个理论也得不到诺贝尔奖。

这时一位华人女性吴健雄（Chien-shiung Wu，1912—1997）出现了。吴健雄出身名门望族，她的丈夫袁家骝也是名门之后（袁世凯之孙）。吴健雄设计了一个实验，实验结果直接证明了杨、李的理论。于是杨、李在1957年获得了诺贝尔奖。

这件事情引发了一个公案。在"宇称不守恒"这个故事中，理论的提出者获得了诺贝尔奖，而实验发现者没有。而在宇宙背景辐射这个故事中，理论的提出者和实验的阐释者都没有获奖，只有实验发现者获奖了。有一种解释是，吴健雄没有同时得奖，就是因为她是女性。而在诺贝尔奖的历史上，忽视女性、对女性不公的案例非常多。

"宇称不守恒"这个故事特别符合波普尔关于科学发现过程的理论："猜想与反驳"。杨振宁、李政道提出一个"理论-猜想"，吴健雄设计了一个实验，证实了这个猜想。猜想得到证实，就变成了理论。整个故事的各个环节非常紧凑。

但是宇宙大爆炸不是这样，它是由一系列大胆的猜想，各种逻辑跳跃，经过比较长的时间，各种机缘巧合，最终聚合起来的。甚至大爆炸理论刚提出来的时候，大家都觉得这是个大开脑洞的笑话。Big Bang，就是"砰"的一声巨响，很不严肃的一个名字。如果回到当年，假如伽莫夫要为大爆炸理论申请一笔钱，建一台射电望远镜，观察3K背景辐射，恐怕这笔钱是拿不到的！

6. 被追认的遗传学之父

接着前面的话题，我们再讲另一个故事，与科学活动的原创权有关。

现在大家都知道孟德尔（Gregor Johann Mendel，1822—1884）是遗传学之父。不过，这件事孟德尔自己并不知道，他的遗传学之父是被追认的。

孟德尔是一名修道士，这又扯到科学与宗教的关系上了。中世纪的很多科学家都是神职人员。哥白尼的正式职业也是一名神父。孟德尔在他的修道院培育豌豆，观察、比较，做各种对照组实验，写观察记录。但是，这些工作对孟德尔本人没有任何影响，他依然做他的修道士。他不在当时的科学共同体之中，顶多是一位业余科学爱好者，鲜为人知。1865年，他曾经参加了捷克布尔诺博物学学会组织的两次学术会议，并提交了论文《植物杂交实验》，论文于1866年发表在《布尔诺博物学学会会议论文集》中。这篇论文在他生前几乎毫无影响，一直到1900年，只被引用了3次。

实际上，孟德尔提出的规律是后来被重新发现的。只不过，后来的发现者也发现了他，并且承认了他的优先权。

按照当下的学术规则，你要写一篇文章，做一项研究，第一件事是什么？文献检索。比如你要研究莱布尼茨（Gottfried Wilhelm Leibniz，1646—1716），先上网搜索，看看有多少人研究莱布尼茨，都研究了些什么、写了些什么。文献检索是一切工作的第一步，尤其在理工科领域。在人文

孟德尔肖像（作者不详）
Public Domain

学科领域，比如做莱布尼茨，别人做过了，我还可以再做一遍，我甚至可以用同样的题目再做一遍，只要我觉得我水平更高，境界更高。可是理工科不一样，只有第一，没有第二。别人已经做出了结果，再重复就没有意义了，所以一定要做文献检索。

我现在根据英文维基百科，把这个故事重新讲述一遍。

19世纪90年代后期，荷兰生物学家雨果·德·弗里斯（Hugo de Vries，1848—1935）用多种植物重新发现了孟德尔的一些工作，并根据达尔文的泛生论（pangenesis）理论，提出了一个概念 pangene——这个概念在20年后，被丹麦植物学家威廉·约翰森（Wilhelm Johannsen，1857—1927）简化为 gene，这就是现在通用的概念"基因"。与此同时，他也发现了孟德尔的文章。德·弗里斯在1900年春天用法语发表论文，介绍遗传规律的发现，但是，文章并没有提到孟德尔。这件事遭到了德国生物学家卡尔·科伦斯（Carl Erich Correns，1864—1933）的批评，德·弗里斯接受了科伦斯的批评，承认了孟德尔的优先权。

卡尔·科伦斯从1892年开始在蒂宾根大学做植物遗传学实验，他用山柳兰（hawkweed，俗称鹰草）获得了与孟德尔类似的结果。他在做实验的时候，并未看到过孟德尔的论文。不过，在他1900年1月25日发表的论文中，他引用了孟德尔的结果，承认了孟德尔的优先权。这其中有一个渊源，科伦斯的老师是瑞士植物学家卡尔·威廉·冯·内格里（Carl Wilhelm von Nägeli，1817—1891），孟德尔曾经与内格里通信，介绍他的豌豆实验。但是内格里并未意识到孟德尔工作的重要性，没有重视，还曾建议他用山柳兰做实验。孟德尔也用过山柳兰，不过实验结果不够好。

这个故事中的第三位是奥地利的农学家埃里希·冯·切尔马克（Erich von Tschermak，1871—1962），他用燕麦和黑麦独立做出了孟德尔的发现，他的论文发表在1900年6月，也把优先权归于孟德尔。这其中的关联是，他的外祖父是植物学家爱德华·芬茨尔（Eduard Fenzl，1808—1879）。1851—1853年，孟德尔曾就读维也纳大学，他的植物学老师就是爱德华·芬茨尔。孟德尔的物理教授更加有名，就是发现了多普勒效应的多普勒（Christian Doppler，1803—1853）。

还有第四位，美国的农学家威廉·贾斯珀·斯皮尔曼（William Jasper Spillman，1863—1931），他也是用小麦重新发现了孟德尔遗传规律。他的论文发表于1901年11月，同样把优先权归于孟德尔。

这几位植物学家，分别在不同的国家，几乎同时独立地重新发现了与孟德尔结论类似的遗传规律。各种机缘，他们都在事后看到了孟德尔的文章《植物杂交实验》。其中有几位是在读过孟德尔的文章之后，才意识到自己发现的重要性。在这个故事中，有一个细节是，德·弗里斯在遭到科伦斯的批评之后，马上承认了孟德尔的优先权。科学共同体已经形成。德·弗里斯和科伦斯的论文发表在1900年年初，过了半年，切尔马克的论文发表，论文中直接提到了孟德尔。但不知道他在论文写作时，是否已经知道了德·弗里斯和卡尔·科伦斯的工作。

让我们比较一下孟德尔和那个最早发现3K背景辐射的苏联人什茂诺夫，他们都曾被科学史遗忘了。但是孟德尔被重新发现之后，成了现代遗传学之父；而什茂诺夫被重新发现，只留下几声叹息。

孟德尔的理想应该不是做神父，而是做教师。他曾经两次参加教师资格考试，但是每次都在口试阶段失败了。从而推断，孟德尔应该是一位表达能力不大好的人。他的杂交实验没有得到足够的重视,这使得他对自己的科学能力产生了怀疑。他还曾在天文学和气象学上做了一些工作,甚至还是奥地利气象学会的创始人(1865)。不过,他对自己的价值也有某种程度的自信,据说他曾对朋友说:"我的时代会到来的。"

回过头来,我们再看这个故事。如果没有孟德尔,遗传学的发展过程会有什么变化吗?完全不会!孟德尔对当时的科学共同体并没有产生实际的影响,而他发现的那些规律,都被人家重新发现、重新找到了。如果没有孟德尔,遗传学后半部分的历史,也会差不多。

而且从我们现在的角度回过头去看,他的发现也不是特别了不起的东西——你只要有这个想法,你就种地,总能得到这些结果。这也是为什么,有三四个人在不同的国家同时地、独立地重新发现了这些规律。而且,如果目标明确,会有更快的手段。比如摩尔根用的是果蝇,豌豆从播种到出苗,再到开花结果,怎么也得几周,弄不好要几个月;可是用果蝇,几天就能繁殖一代。

孟德尔被追认为遗传学之父,是20世纪初科学共同体自组织的结果。我们可以想象,如果重新发现孟德尔原理的科学家不是四位,而是只有一位,比如德·弗里斯,他没有遭到科伦斯的批评,他对孟德尔的工作隐而不宣,那他就会被认为是遗传学之父。那么,即使在比如十几年后,孟德尔的工作被某位科学史家发现了,也很难为孟德尔正名。一来,人们已经习惯了十几年的说法;二来,如前所述,孟德尔并没有对本世纪遗传学有直接的影响。那么,孟德尔可能就会如什茂诺夫一样,成为科学史的花边。

在科学史上,有些人为了优先权打得不可开交,使出各种手段。也有人保持绅士风度,主动承认别人的优先权。

7. 作为快变量的细节:甲午海战的哑炮

我再给大家讲一个细节,是纯属虚构的还是有史料依据的大家可以去考证一下。甲午海战的时候，大清的北洋水师船坚炮利，无论吨位、数量，还是火力，都不弱于日本海军。日本的优势是船小而快，更加灵活。北洋水师的军舰吨位大，掉头转弯都慢。单纯地从战术上讲，日本人并无完全优势。但是战争不仅仅是武器的抗衡。

我们现在都知道很多仍然恨铁不成钢的事件。其中有一个故事是这样的，大东沟海战的时候，北洋水师的一发炮弹落到了日军旗舰的弹药舱里，但是它并没有炸，因为里面装的不是火药，而是沙子。如果那发炮弹是一颗正常的炮弹，"咣"一炸，整个旗舰就完蛋了，甲午海战中国人就胜了。中国如果胜了，那世界史的格局就会是另外一个样子。比如，就没有《马关条约》，就不会赔日本那么多钱了！

日本人拿那些钱都做什么了呢？有一种说法是，日本人把这笔钱全部投入在教育上，在全国范围内建学校，普及基础教育，改变国民素质。当然这种说法应该是来自某种臆想——人们常常会臆想某些事情，以支持自己的某种观点。实际上，投入教育的比例不像传说中的那么多，只占全部赔款的一个很小的百分比。但是，相对于以往的教育经费来说，也不是一个小数目。这笔钱完全是天上掉下来的。如果日本没有那笔钱，它的教育普及会慢得多。跟买枪买炮相比，在教育上的投入见效缓慢。但是，把时间尺度稍稍拉长，就会发现，教育投入反而是受益最高、见效最快的。十几年后，一代人成长起来，就派上用场了。

可以想象，一定得有很高的文化素质才可以当海军，因为海军部队使用的都是现代化的装置！招募海军，必须要新式学校毕业、受过科学教育、具备数理化基础才行。老式私塾毕业的学生当海军就会比较吃力，要经过很长时间的培训。如果日本没有那笔钱，它就不能够在短时期内普及基础教育，没有足够的人才储备，就没有资格发动下一场战争了。

在上次课上我说过，单个事件的概率是没有意义的。比如，如果清军运气好，它的一万发炮弹里面全都是沙子，只有这一发炮弹里面是有炸药的，而这发有炸药的炮弹正好就炸到旗舰里去了，清军还是胜了；反过来说，一万发炮弹的99%都是有炸药的，但是偏偏落到旗舰里的这发就是没炸药的，结果就没有用。单个事件的概率是没有意义的，历史常常是由小概率事件决定的。

当然，这个话题还可以继续讨论。如果这发炮弹炸了，清军胜利。那么，我们是否仍然可以从宏大叙事的立场，坚持工业文明战胜农业文明是历史的必然，论证清军的胜利是暂时的？比如，清政府的腐败是不可改变的，经过这次胜利，反而会让清政府更加骄傲，更加腐败；而日本的文明转型更为彻底，虽然经过这次失败，仍然会慢慢强大，几年之后卷土重来，仍然会战胜北洋水师？

这种一发炮弹影响战局的事件，我把它叫作历史中的快变量。它在很短的时间发生，并且结果不可逆。这样的事件常常为人津津乐道，尤其是那些逆转了大局的快变量。比如，成吉思汗远征日本，战船逼近本土。军事实力相差悬殊，没有任何力量可以逆转局势。但是，天降台风，把蒙古战船吹得无影无踪。成吉思汗再也没有机会重征日本。这场台风就成为日本历史的一个拐点，被日本人称为"神风"。以至于"二战"时，日本人把自杀式轰炸机组命名为神风突击队。只是这一次，神风不再降临。

在我们的日常生活中，火药常常起到快变量的作用。前面我们说过，在江西和湖南，有很多世代从事鞭炮制作的小作坊，常常会有爆炸发生。这些爆炸，对于其家族的命运，往往就是一个快变量。

每年春节的时候，医院里都会接收很多被鞭炮炸伤的患者，尤其是孩子。五六岁的孩子，家里人的掌上明珠，聪明伶俐，健康活泼，就在嬉笑欢快的气氛中，被鞭炮炸坏了双眼，就此终生失明。这枚小小的鞭炮，在绝大多数时候，只是一个不起眼的烘托节日气氛的细节，但是对于这个孩子，对于这个家庭而言，就成为改变历史进程的快变量。

在火药发明之后，人类可以拿在手上随时可以用出去的力量一下子大了很多。人们也会有意识地利用这个力量，使之成为主动的快变量。于是暗杀的工具，从弓箭变成了火枪。

8. 慢变量的蝴蝶效应：古罗马的铅酒壶

我再给大家讲一个细节。我在南京大学读书的时候，有一个朋友叫颜玉强，他是历史系的硕士。我当时在物理系，是个理科生，他是文科生，我们彼此读书的领域交叉不多。所以我特别喜欢听他说话，从他那里，我常常能听到从未接触过，也从未想象过的东西。所谓与君一席话，胜读十年书。

有一次闲聊，他讲到罗马帝国为什么会灭亡，他说，有一种解释是这样的：因为罗马人用的是铅酒壶。当时铅是一种很贵重的金属，平民用不起，只有贵族才能用。贵族就用铅制的酒壶喝酒，产生的后果是整个罗马贵族都铅中毒。铅中毒会导致下一代智力衰退。下一代继续铅中毒，继续衰退。一代一代延续下去，整个贵族阶层都痴呆了，根本没有能力管理国家，所以罗马帝国就完蛋了。

把一个庞大帝国的灭亡答于铅，大家会不会觉得很荒诞？

这与我们以往对历史的理解很不一样。我们习惯于宏大叙事，喜欢强调整个时代的政治、经济、军事，或者技术、科学、思想观念；又或者某个伟大人物的某个伟大想法、某次会议的某个重大决策。我们习惯于关注那些宏大的视角，关心那些宏大的事件，也习惯于说历史的必然性，比如我们会说罗马帝国衰亡是政治、经济、军事等一系列重大事件所导致的必然结果，而不大会把答案归结到铅酒壶。

但是，这个新奇的说法让我觉得特别有趣，也特别有说服力。铅酒壶，当年罗马的贵族们，每天拿着它饮酒作乐，没有人会想到这样的日用奢侈品会有那么严重的后果。日积月累，水滴石穿，小的变量长期作用，就产生了巨大的后果。这正符合混沌理论的蝴蝶效应。

铅酒壶，注意啊，这正是技术史或者科学史的研究对象！从宏大叙事到细节深描，这关乎历史观的改变。进入细节，科学史和技术史都大有用武之地。

类似于铅酒壶这样的长期作用的微小因素，可以称为慢变量。它不像快变量，瞬间扭转历史进程。而是通过漫长的时间，慢慢地发挥作用。这简直是蝴蝶效应的历史翻版。

蝴蝶效应是气象学家洛伦兹提出来的，有一个中国化的版本是这样的：一只蝴蝶在天安门广场扇动翅膀，能够引起纽约的一场大风暴。说的是小的变量经过长时间的迭代，会引起巨大的后果。蝴蝶效应现在已经成了混沌理论的标志性原理。

关于混沌理论，我经常推荐的第一本书是詹姆斯·格莱克（James Gleick）的《混沌：开创新科学》这本书有三个中译本，其中我推荐的是郝柏林先生的审校本。[1] 书中有一首西方人的儿歌，作者用来解释蝴蝶效应，书中的翻译是这样的：

> 钉子缺，蹄铁卸；
> 蹄铁卸，战马蹶；
> 战马蹶，骑士绝；
> 骑士绝，战事折；
> 战事折，国家灭。

把一个国家的灭亡，归结到小小的钉子上。不过，这里的钉子虽然也是细节，也是小量，与铅酒壶还不一样。铅酒壶是一个小的变量一直作用着，而这个钉子不是。

再举一个例子，蒙古帝国为什么能够横扫欧亚？有一种说法是，蒙古人发明了马镫。于是，蒙古骑兵可以在骑着马冲锋的时候站起来，挥刀更准，更有力。

关于混沌理论，我推荐的第二本书是部科幻小说，迈克尔·克莱顿

---

[1] 詹姆斯·格莱克，《混沌：开创新科学》，上海译文出版社，1989年。2014年高等教育出版社出版了此书修定本。

（Michael Crichton，1942—2008）的《侏罗纪公园》。这部小说非常生动地阐释了混沌理论的各种原理，比科普书的效果还好。这部小说被斯皮尔伯格（Steven Allen Spielberg）拍成了同名电影，也是一部科幻经典。不过，就了解混沌理论而言，我建议读小说原著。

有些看起来微小的东西有可能造成历史巨变，这种历史的写法和我们习惯的宏大叙事的写法是不一样的，会产生一点荒诞感。宏大叙事总是认为历史有一个大趋势，关注大事件，而且常常认为细枝末节的事情对大趋势没有什么大的影响。以前有个常用的说法，历史规律不可抗拒，就表现了这个观念。你有没有发现，这种观念是牛顿物理学的观念。小的变量只会产生小的结果，所以小量是可以忽略的。所以牛顿力学要忽略空气的阻力、滑轮的质量、绳子的质量，因为相信这些小量不重要。但是，如果我们了解了混沌理论，就会知道蝴蝶会导致风暴。

我们把历史与科学做这种比较，还可以得到更多启示。牛顿范式的物理学，正是因为忽略了细节，才能给出决定性的、确定性的、精准可解的方程——物理定律。那么，在历史中，所谓历史的必然性，也是在忽略了细节的情况下得出的。

而如果我们接受了混沌理论，就容易理解，很多大事件恰恰是由一些细枝末节的事情决定的。

我们现在通常说，工业文明取代农业文明，而且说这是历史的进步。那么，工业文明是必然的吗？农业文明一定会走向工业文明吗？大家回过头来再去读马克斯·韦伯（Max Weber，1864—1920）的《新教伦理与资本主义精神》，在他看来，资本主义精神的核心就是赚钱，赚钱本身成为意义，成为最高的价值。于是整个社会的基本框架逐渐建构在赚钱这个价值之上。这使得资本主义得以开始。

资本主义国家的整个社会体系、法律体系都围绕着资本增殖在运行，只要能挣钱就是好事，挣钱本身就是价值。技术可以帮助赚钱，科学可以帮助技术，工业文明的社会结构就出现了，并且全球化了。可是这种价值观,在马克斯·韦伯看来,是一个特别奇葩的价值观,全世界任何一个民族都没有,只有马丁·路德(Martin Luther,1483—1546)改革之后的新教徒有,连天主教徒都没有。

从这个角度看,现在这种全球化的工业文明并不是历史的必然。这种价值观,马丁·路德本人也不同意。而且,马丁·路德的宗教改革也不是必然的。

这一讲讲了很多细节,很凌乱,没有什么系统。我说到一些历史本身的细节,也说到了解历史需要关注细节,还说到了书写历史需要有细节。关键词是细节。

《新教伦理与资本主义精神》,四川人民出版社1986年版。这是此书在中国大陆最早的译本,译者为黄晓京、彭强,是当时著名的"走向未来丛书"之一种

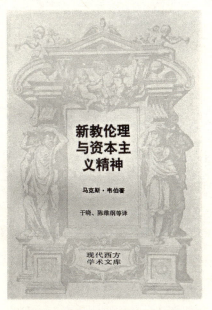

《新教伦理与资本主义精神》,生活·读书·新知三联书店1987年版,于晓、陈维纲等译,是当时影响巨大的"现代西方学术文库"之一种

第三讲 | 历史的再阐释

弗里茨·哈伯在第一次世界大战中发明了供德国军队使用的毒气（他的妻子因此悲痛欲绝而在1916年自杀）。[1]

——约翰·麦克尼尔（John McNeil, 1917—2016），《阳光下的新事物：20世纪世界环境史》，韩莉、韩晓雯译，商务印书馆，2013年，第22页

斯米尔写道，1915年4月22日，哈伯"在前线指挥了军事史上第一次的毒气攻击"，他的捷报传回柏林，但是几天之后这项胜利就蒙上了阴影：同为化学家的妻子因厌恶丈夫把所长贡献在战争上，便用丈夫的军用手枪自尽了。

——迈克尔·波伦（Michael Pollan），《杂食者的两难：食物的自然史》，邓子衿译，中信出版集团，2017年，第37页

1. 引子：科学主义的两大堡垒

有的时候，我们是先发现了某个历史的细节，然后改造了一个理论。也有的时候，是我们先有一个理论，然后推出了那个细节，并发现了那个

---

[1] 1916年当为1915年，这项错误来自英文原著。译文"悲痛欲绝"不当，与"自杀"矛盾，可改为"痛不欲生"。

细节。推荐大家去看柯林伍德的《历史的观念》，非常优秀的一本书，虽然它不是讲科学史，而是讲一般意义上的历史，但是我们做科学史的人应该把视野放宽一点，科学史要放到一个更大的文明史的框架里面，科学的历史才能写得更加丰满。

大家可能都知道我对科学和技术的一般看法。2000年前后，我们一些从事科学史和科学哲学的学者做了一个工作，对科学主义进行反思和批判。刘钝先生说我们这几个人既了解一点科学，又有一点人文情怀，把我们命名为科学文化人。但是，我们对科学的反思和批判在某些人看来，是大逆不道的，说我们的"反科学主义"不是反对"科学主义"，而是"反科学"的主义，并称我们为"反科学文化人"。

对于这样的说法，一开始我们还自我辩解，但是，自证清白是一件特别难的事，有时候则是不可能的。比如某青年作家被人说代笔，他很自信地展示证据，想要向那些诬他请人代笔的人证明，那些文字都是他自己写的。结果大家都知道了，这些证据给那些人提供了材料，提供了靶子，激起了新一轮的查证。大家看过姜文的《让子弹飞》吧，里面的老六也想自证清白，想要证明自己只吃了一碗凉粉，于是把肚子剖开，开肠验粉，白白死于非命。所以被诬者当初应该做的，根本不是自证清白，而是反问：凭什么我要证明给你看！

很多人在小学时有过这样的经历。班上有位同学甲丢了东西，有人怀疑是同学乙偷的，于是要求翻同学乙的书包。如果同学乙想要自证清白，把书包给大家翻，那他就陷入了无穷的厄运。

如果书包里有，当然你就证明了自己是贼；而如果书包里没有，也并不能证明你的清白。会有人说，你藏在身上，就会继续要求搜身。搜身没有，还是不能证明你的清白，因为会有人说，你一定是偷偷地转交给你的朋友同学丙了，于是下一步就是翻同学丙的书包，搜他的身……这个逻辑链条永远也不会终止。正确的应对就是，从一开始就拒绝自证清白，拒绝别人翻书包。如果有人强行翻你书包，你就报警。

反科学主义这件事儿，与此类似。2005年，我把那一年称为中国的环境年。那一年发生了多起与环境相关的重大事件，诸如环评风暴、怒江争坝、圆明园铺膜、松花江苯污染……此起彼伏。最大最重要的事件，是一场延续半年之久的争论：人类是否应该敬畏大自然。

起因是某位院士在接受采访时说，他不同意"敬畏自然"这个说法，这个说法是反科学的。于是有环保人士汪永晨写文章，为敬畏自然辩护，说《敬畏大自然不是反科学》。又有某位科学斗士发表文章，用斩钉截铁、十分武断的语气说《敬畏大自然就是反科学》。又有人再写文章反驳，一场遍及全国纸媒和网媒的大辩论就此展开。但是，到了论战的后期，汪永晨终于不再自辩，而是反问：难道科学就没有错吗？难道科学就不能反吗？难道科学的进步不就是现在的科学反了过去的科学吗？这样一来，对手的口气马上就软了下来，说，我从来没有说科学不能反。

我们学过科学哲学就知道，从科学哲学的第二代人物卡尔·波普尔开始，科学就不再被视为绝对正确的真理了，而是可能被证伪的假说。科学自身存在错误，所以科学才会发展，才会进步，这种观念，我相信大部分科学家也是认可的。敢于说自己掌握了绝对正确的真理，这是一种认识论上的傲慢与僭越。

但是，反思与批判科学，指出科学的负面效应，质疑科学的价值，仍然会有很多人不舒服。捍卫者有两个惯性的思路，他们会说：其一，如果没有农药和化肥，地球上生产不出这么多的粮食，全世界有很多人就会饿死，所以，不能否定农业科技对人类的贡献；其二，如果没有现代医疗，人均寿命不会这么长，现在地球上活着的人，有多少早就死掉了，所以，不能否定医疗科技对人类的贡献。我把这两种理由称为"科学主义的两大堡垒"。一旦科学遭到质疑，就会钻进这两大堡垒之中。

我的很多理论都是在辩论中产生出来的。对手提出了问题，你就需要回答。这两大堡垒不能攻破，我们对于科学主义的反思就不能彻底。

2. 宏大叙事的逻辑破绽：化肥农药与人口膨胀的次序

如本书第一讲所说，这两大堡垒其实是我们的"缺省配置"的一部分。在未经反思的情况下，我们都认同这两项结论：没有农药和化肥，地球上养活不了这么多人；没有现代医疗，人均寿命不会这么长。所以，这样的问题常常很具有杀伤力，对旁观者具有说服力，因为旁观者也有同样的"缺省配置"。如果要坚持对科学的反思和批判，这两大堡垒是绕不过去的。

我先说说第一大堡垒是怎么被我攻破的。

突破口是一个非常小的问题，也算是一个细节。按照我们习惯的表述，在农药和化肥发明之前，粮食产量不足，全世界很多人生活在饥饿之中。幸好，农药和化肥发明出来了，那些饥饿中的人有了粮食，被农业科技所拯救。在这个故事中，我追问了一个细节：那些被农药和化肥拯救而没有饿死的人，他们被拯救的那一年是几岁？由于化肥或者农药有一个相对明确的时间点，所以这个问题是大体成立的。

柯林伍德说，历史学家要有能力重演历史。历史学家需要把已经掌握的片段的史料，串联成一个整体，讲一个完整的故事。这个完整的故事需要一系列细节，如果细节存在缺陷，整个故事就可能不成立。没有细节的宏大叙事，是经不住推敲的。

细节存在于不同的层面。比如有事实层面的细节，有解释层面的细节。当然，按照观察渗透理论，这两个层面也是缠绕在一起的，不能截然分开。

我所追问的细节，他们被拯救的那一年是几岁？貌似是一个事实层面的细节，但是其实，我的用意在于对其解释进行破解。因为这个问题的任何回答，都会消解这个问题本身。

我们可以随便给一个数，比如，四十岁。有一个人，在他四十岁那一年，马上就要饿死了。恰好在这一年，由于化肥和农药的发明，粮食产量增加，于是，他活过来了。那我马上要追问，他是吃什么活到三十岁的？

我们能不能看到这样的一个历史事件———一帮人饿到四十岁，皮包骨头，马上就饿死了；就在这时，农药和化肥出现了，他们可以吃饱活下来了？

如果回答是二十岁，我的追问同样成立，他是吃什么活到二十岁的？实际上，不管他什么岁数，我都可以追问这个问题，他以前吃的什么？然后你发现，唯一勉强能经得起追问的是一岁或者零岁。因为一岁之前，他不吃粮食，而是吃奶。然后农药和化肥的出现让他有粮食可吃，否则他就饿死了。

可是，如果那一年他零岁到一岁的话，这个景象也很怪异。突然某一年，粮食刚刚够吃的全世界适龄女性忽然大规模怀孕，如果农药和化肥不马上发明出来，十个月之后生出来的这些孩子就会饿死。然而，刚刚好，农药和化肥被发明出来了，这些孩子没有被饿死。他们被农业科技给拯救了。这个解释比较别扭，不像是真的。而如果把因果关系调过来，则一切都顺理成章了。

不是因为有了农药和化肥，粮食产量增加，使得地球上有很多人没有被饿死；而是因为有了农药和化肥，粮食产量增加了，地球上才会多出那么多人。这个解释也符合我们的常识和经验。

中国的出生率在20世纪60年代初期有一个峰值。大家知道三年自然灾害吧，从1959—1961年这三年，那几年很多中国人被饿死，死亡率极高，而且因为饥饿，女性连月经都没有，所以不可能有下一代。到了1962年，这场灾难过去了，中国人一下子吃饱了，直接后果就是1963—1965年这几年成为中国人口出生的高峰期。我小的时候曾听长辈讲，某一个地方，由于地瓜丰收，大家终于吃饱了，于是第二年，这个地方生出很多孩子，这些孩子被称为地瓜孩儿。所以说，不是先有了人，然后粮食把他们救了；而是先有了那么多粮食，才会有那么多人。

如果我们认为人口爆炸是一件不好的事，那么，我们对于农药和化肥的价值判断就不一样了，就会反过来了。它以前是一个大救星，现在呢，如果你认为人口多是罪恶的话，它就是罪恶的源头。

当然，捍卫者可以这样反驳。现在的实际情况是，世界人口已经达到了70亿，如果马上停止使用化肥，按照某种估算，维持这些人口的温饱，还需要额外30%的耕地，而这是不可能的。所以，我们不能停止使用化肥。

但是，这样的表述，与第一堡垒的表述相比，已经弱化得非常多了。价值判断也大不一样。在这个说法中，化肥更像是某种毒品。由于我们已经对毒品产生了依赖，所以不能马上戒毒，否则会有生命危险。这就应了江晓原教授的说法，人类社会已经被科学技术所绑架。

因此，对这个细节的追问，使得普遍被接受的那种解释方案被破解了。我的质疑、反问，核心意图不在于建构，而在于解构。关于农药和化肥，我们需要一个新的故事。

在我们的解释方案发生了变化之后，对于同样的史实，我们的价值判断以及描述方式都会发生巨大的改变。当我们完成了一个范式转化之后，在一个新的故事中，同样的史实会获得不一样的功能。在原有范式中很重要的事件，在新范式中可能不值一提。而在原来范式中作为注脚的事件和人物，可能会上升为主角。

在攻破了科学主义的第一堡垒之后，再回过头去看农药和化肥，会关注到另外一些细节。这些细节是被新的解释方案所照耀的。所以柯林伍德说，一部新的历史，常常不是由于我们发现了新的史料，而是提出了新的解释方案。

对于农药和化肥的历史，我曾经讲过另外一些细节，写过一篇小文章[1]，说到了它们的前史和原罪。

下面我把这段故事，稍稍深入地讲一遍。

人文学术也常常是这样，从人们默认的地方看到疑点，不断深入下去，

---

[1] 田松，《我们是行走的塑料》，《博览群书》2008年第6期，收入作者《稻香园随笔》，上海科学技术文献出版社，2016年。

就会获得一个新的故事。

3. 李比希与化肥的前史

对于化肥，一直以来，人们普遍接受的评价都是正面的。直到21世纪之后，才逐渐有了质疑的声音，起初，这声音很弱。即使质疑，人们也不认为是化肥本身有问题，而只是认为，在应用层面上出了问题。这与我们看待科学的态度类似。科学本身是没有问题的，问题出在了科学技术的不正当应用上。

化肥的合理性与正当性之所以不会受到怀疑，是因为在更大的背景观念下，人们普遍接受了机械论、还原论、决定论的机械自然观。

最早提出化肥观念的是德国化学家李比希（Justus von Liebig，1803—1873）。李比希出生于一个经营药物、染料及化学试剂的小商人家庭。早年就读于波恩大学，跟随卡斯特纳（Karl Wilhelm Gottlob Kastner，1783—1857）教授学习化学。卡斯特纳教授也是他父亲的生意伙伴。不久，李比希又跟着卡斯特纳前往埃尔朗根大学。1822年，李比希前往巴黎，在著名的盖-吕萨克（Joseph Louis Gay-Lussac，1778—1850）的私人实验室工作，并与更加著名的亚历山大·冯·洪堡（Alexander von Humboldt，1769—1859）和乔治·居维叶（Georges Cuvier，1769—1832）等明星人物相处友善。1823年，他获得了埃尔朗根大学补发的博士学位。

1824年，李比希回到德国，由于洪堡等人的推荐，21岁的李比希成为吉森大学教授。

关于李比希有一个著名的故事，说李比希参观一个化工厂，发现在某一个流程中，工人用力地搅拌铁锅，发出了巨大的声音。厂主解释说，声音越大，产品的质量越好。李比希则微微一笑说，其实不必，只要在锅里加一些铁屑，也会有同样的效果，甚至会更好。李比希解释说，起作用的不是声音，而是铁锅在剧烈的撞击下产生的铁屑。同样的一个事件，化

李比希在吉森大学的化学实验室，左下角是李比希。这是1929年的一张商业卡片，是根据特劳特绍尔德（Wilhelm Trautschold，1815—1877）在1841年创作的油画重新绘制的，画面更具装饰性
Public Domain

家给出了不同的解释，并提供了相应的对策。这是一个还原论的胜利。

这个故事同时也喻示着科学与产业的结合、科学对产业的指导。李比希所处的时代，科学与技术、产业的结合刚刚开始。染料、调味料、药品等古老的行业，以往所采用的都是经验的技术——来自经验并随着经验的累积而提高；到了这个时代，逐渐获得了化学的指导，成为科学的技术。化学与工业结合起来，就是我们所说的化工——化学工业。一方面，产业界开始主动寻求化学家的帮助；另一方面，化学家也主动把实验室中获得的新的化学知识，应用到社会生活中。科学、技术、产业，相互连接，相互促进。比如染料工业，在化学理论的指导下，很快就井喷般发明出五颜六色的新染料。

李比希也热衷于把学院实验室中的化学成果应用到工业领域。在李比希13岁那一年，他经历了一个没有夏天的年份，火山灰摧毁了北半球的庄稼，德国的饥荒尤为严重。这使得李比希希望用化学来帮助农业。

李比希分析了多种植物燃烧后的灰烬，认为植物生长需要碳、氢、氧、氮，以及钾、磷、硫、钙、铁、锰、硅等元素。这些元素要么从土壤中来，要么从空气中来。空气成分是人类无法改变的，但土壤可以。人为地往土壤里施加一些东西，以帮助植物生长，这就是施肥。传统农民也知道使用肥料，但是讲出来的道理是完全不同的，比如中国人会讲阴阳五行，西方人也会有一些神秘主义。李比希直接把植物和土壤都还原成元素，他所要添加的东西是直接与元素相关的，所以称为化学肥料，简称化肥。

李比希本人也发明了一种钾肥的生产工艺，并获得了专利。他把这项专利权卖给了他的学生詹姆斯·穆斯普拉特（James Muspratt，1793—1886），这个学生后来成为英国制碱工业的创始人。[1]

不过，第一家化肥公司是英国乡绅约翰·劳斯（John Lawes，1814—1900）创立的，他在1842年将硫酸应用于磷酸盐矿石，产生了可以施于土壤的浓缩过磷酸盐。由于英国与欧洲的适用磷酸盐矿供应有限，所以这个发明的直接后果是美国佛罗里达（1888）、摩洛哥（1921）的磷酸盐矿很快被开采、运出、加工为过磷酸盐，运给美国及欧洲的富裕农场主。[2]

我们现在都熟悉，农业最主要的肥料是氮、磷、钾。1900年前的欧洲，氮肥来自智利的鸟粪和硝石。鸟粪富含磷与氮，是有机肥，可以直接用作肥料，智利曾因此而成为南美富国。智利硝石富含硝酸钠，经过化学加工之后，成为氮肥，这是一种化肥。

早在1784年，法国化学家贝特洛（C. L. Berthelot，1748—1822）发现，一个氨分子是由一个氮原子和三个氢原子构成的。氨氧化，或者与硫酸反应，会成为硝酸盐，成为氮肥。而空气中有近乎无穷的氮和氢，一旦能够把氮和氢合成为氨，就有了无穷的氮肥。很多化学家曾致力于实现这个梦想，但均告失败。

---

[1] 乐宁，《李比希：振兴德国化学工业的巨擘》，《自然辩证法通讯》1983年第3期。
[2] 约翰·麦克尼尔，《阳光下的新事物：20世纪世界环境史》，商务印书馆，2013年，第21页。

4. 化肥、农药与战争、屠杀

现在该说到化肥史上最重要的人物弗里茨·哈伯（Fritz Haber, 1868—1934）了。这位诺贝尔奖得主在活着的时候就毁誉参半，而随着时间的推移，他的负面形象越来越重。

我注意到这个人有两个原因，一个是前面说过的科学主义的第一堡垒，另一个是我对农业问题的关注，需要厘清农业工业化的过程。下面我讲的这个故事有多重信息源，其中比较重要的一个是1962年诺贝尔化学奖得主英国的马克斯·佩鲁茨（Max Perutz, 1914—2002）的著作《真该早些惹怒你：关于科学、科学家和人性的随笔》[1]。但其实，我是在整理我这本小书的时候，才从书架上翻出来我十年前就拥有的这本书。而我最早了解到这个故事，则是在2006—2007年从另外两部著作中获得的线索。一部是约翰·麦克尼尔的环境史名著《阳光下的新事物：20世纪世界环境史》，一部是迈克尔·波伦的《杂食者的两难：食物的自然史》。当时我在伯克利访学，读的是这两本书的英文版。

哈伯出生于普鲁士的布雷斯劳［Breslau,"二战"后划归波兰，现名弗洛茨瓦夫（Wroclaw）］的一个犹太家庭，父亲是富裕的染料商人。有一点巧合的是，李比希的父亲也是一位经营药物、染料和化学试剂的小商人。哈伯中学毕业后，先后在柏林、海德堡、苏黎世求学，19岁获得博士学位，成为德国的化学新星。1896年到卡尔斯鲁厄大学做讲师，1906年晋升为教授。

1904年，哈伯开始研究合成氨的方法，并取得进展。1909年，哈伯获得了德国最大的化学公司巴斯夫公司的支持。巴斯夫公司委派两位化

---

[1] 马克斯·佩鲁茨，《真该早些惹怒你：关于科学、科学家和人性的随笔》，上海科学技术出版社，2004年，第3—21页。

瑞典1978年发行的邮票，右上角写着"诺贝尔奖1918"，这是哈伯流传最广的形象
Public Domain

学家卡尔·博施（Carl Bosch，1874—1940）和阿尔温·米塔施（Alwin Mittasch，1869—1953）辅助哈伯，很快取得了突破。他们发现的方法被后世命名为哈伯-博施法。1913年，博施和米塔施建立了第一家合成氨工厂。1918年，哈伯因为合成氨方法的发明获得了诺贝尔化学奖，在颁奖仪式上，他被誉为从空气中获得面包的人。[1] 再后来，博施获得了1931年的诺贝尔化学奖，而贡献很多的米塔施则没有获奖。佩鲁茨颇为米塔施感到不公。

哈伯获得诺贝尔奖的时候，"一战"尚未结束。哈伯最为后人诟病的行为，发生在"一战"期间。

由于合成氨获得突破，哈伯名声大振，所以在1911年的时候，哈伯受邀担任柏林近郊达荷姆新建的威廉皇帝物理化学-电化学研究所首任所长，同时成为普鲁士科学院院士，受聘为柏林大学教授。

1914年，第一次世界大战爆发。很多著名德国科学家都积极转向为战争服务，哈伯便是其中一位。怎样把化学变成武器？最直接的方法就是发明毒气。哈伯参与了能斯特（Walther Hermann Nernst，1864—1941）与军

---

[1] 约翰·麦克尼尔，《阳光下的新事物：20世纪世界环境史》，第22页。

方的合作实验。最初他们设想在普通子弹或炮弹中装入刺激性物质,并在当年秋天投入了实战,他们首先用了能斯特建议的邻联茴香胺氯磺,随后是以甲基溴苄为主要成分的催泪剂。不过效果不佳,到达敌方阵地时毒气浓度已经太低了。

哈伯建议使用氯气。"氯气是一种黄绿色气体,比空气重,会使人失明,会导致剧烈的咳嗽,会腐蚀眼、鼻、口、舌和肺;最后使吸入这种气体的人窒息而死。哈伯建议,如果顺风将它吹到敌人防线,它们就能沉入敌方壕沟之中,使士兵逃离壕沟跑到开阔地带,这样就能轻而易举地消灭他们。"[1]

当时,德国已经签署《海牙公约》,禁止使用毒气弹。德军总参谋长找到了公约的一个小漏洞:海牙禁止的是发射出去的装着毒气的炮弹。于是,德军决定使用不用发射、但可以释放毒气的钢筒,不算炮弹。

哈伯积极投身于这项工作。他组织制造了几千个毒气筒,生产了数百吨氯气,他训练了一支特种部队,并亲赴前线。哈伯的另一位传记作者迪特里希·施托尔岑贝格(Dietrich Stolzenberg)坚信:"毫无疑问,哈伯是化学战的始作俑者。"[2]

1915年4月11日傍晚,比利时伊普尔斯(Ipres)前线,在哈伯的指导下,德军安放了5730个氯气筒,装有150吨氯气。4月22日傍晚,命令下达,氯气释放后,借着风力吹到对面的法军阵地。法军伤亡15000人,其中5000人丧生。这是人类历史上的第一场毒气战。

德皇授予哈伯陆军上尉军衔,作为犹太人,哈伯感激涕零。

1915年5月1日晚,哈伯在家中举行了一场庆功宴。深夜,客人散后,哈伯与他的妻子克拉拉发生了激烈的争吵。哈伯吃了安眠药睡下了。克拉拉拿着哈伯的手枪,走到花园,先对着天空开了一枪,然后对着自己的心

---

[1] 马克斯·佩鲁茨,《真该早些惹怒你:关于科学、科学家和人性的随笔》,第9—10页。
[2] 同上书,第10页。

脏开了一枪。他们的儿子赫尔曼（Hermann）闻声赶来时，克拉拉已经奄奄一息，她最后死在儿子的怀抱里。

5. 闪耀后世的克拉拉

在有关化肥的这个故事中，最先引起我强烈关注的，并不是哈伯，而是克拉拉。

在迈克尔·波伦的著作中，有这样一句："同为化学家的妻子因厌恶丈夫把所长贡献在战争上，便用丈夫的军用手枪自尽了。"[1]在麦克尼尔的著作中，在括号里写了这么一句——"他的妻子因此悲痛欲绝而在1916年自杀"[2]。他们两位都没有提克拉拉的名字，麦克尼尔甚至把克拉拉自杀的时间都给弄错了。但是，科学家丈夫投身毒气战、科学家妻子悲愤自杀这个细节引起了我的注意。我通过维基百科哈伯的词条，知道了哈伯妻子的名字叫克拉拉，再去检索克拉拉，发现那里已经有克拉拉的词条，这样，我对克拉拉就有了大概的了解。

我本能地觉得，克拉拉是一位值得深入了解的人物。回国后，2008年，我曾在一篇随笔《我们是行走的塑料》[3]中，简单介绍了关于化肥的这段往事，并附上了克拉拉的照片。后来，我又把这个题目交给我的一位硕士研究生傅梦媛，让她检索一下关于克拉拉的资料。再后来，她把克拉拉作为她的硕士论文题目。现在她是国内第一位系统研究克拉拉的学者。

克拉拉原名克拉拉·伊梅瓦尔（Clara Immerwahr, 1870—1915），与哈伯结婚之后，按照欧洲人的习惯，改称克拉拉·哈伯。不过，鉴于她与哈伯的关系，现在的学者更愿意使用她的本名。

克拉拉也出生于布雷斯劳，也是犹太人。19世纪后半叶，布雷斯劳已

---

[1] 迈克尔·波伦,《杂食者的两难：食物的自然史》，中信出版集团，2017年，第37页。
[2] 约翰·麦克尼尔,《阳光下的新事物：20世纪世界环境史》，第22页。
[3] 田松,《我们是行走的塑料》,《博览群书》2008年第6期，收入作者《稻香园随笔》。

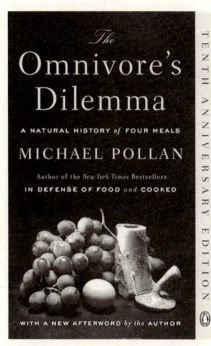

迈克尔·波伦，《杂食者的两难：食物的自然史》之英文版封面，企鹅出版社2007年8月平装版。我于2007年10月离开伯克利之前，从亚马逊上购得此书

约翰·麦克尼尔，《阳光下的新事物：20世纪世界环境史》英文精装本封面，这是我最早读过的环境史著作之一

经成为一个商业繁荣、工业繁荣的大城市，聚集了很多犹太中产阶级。克拉拉家境很好，祖父母一代就有很好的产业。克拉拉一家热爱科学，她的父亲菲利普·伊梅瓦尔（Philipp Immerwahr）曾师从本生灯的发明者、犹太化学家罗伯特·本生（Robert Bunsen，1811—1899），她的兄长保罗（Paul）是柏林大学的化学博士。[1]在19世纪末的普鲁士，女性接受教育还是一件非常困难的事。90年代，才建立提供中等教育的女子学院；1895年，才允许女性作为旁听生进入大学课堂；直到1900年，巴登地区的教育机构

---

[1] S. V. Meschel, "A Modern Dilemma for Chemistry and Civic Responsibility: The Tragic Life of Clara Immerwahr", *Zeitschrift für anorganische und allgemeine Chemie* 638 (3–4) : 603–609.

1890年前后的克拉拉,这可能是克拉拉唯一存世的肖像
Public Domain

首次接收女学生作为正式学生进入大学。[1] 而最初,让女性接受中等教育的目的,是为中产阶级培养合格的妻子和母亲。可想而知,克拉拉的求学道路多么坎坷。她的基础教育全是通过私人学校完成的。布雷斯劳大学要到1908年才接收女性作为正式学生。从1895年开始,克拉拉努力获得各种旁听的机会,在1898年通过了博士资格考试,成为化学家里夏德·阿贝格(Richard Abegg, 1869—1910)教授的客座学生。[2] 克拉拉在1900年12月22日通过答辩,成为这所大学的第一位女博士。

那个时代,女性要出来工作,在大学里获得正式教职是非常困难的。克拉拉与波兰裔科学家玛丽·居里(Marie Curie, 1867—1934)是同时代人,有着相似的坎坷经历。居里夫人属于罕见的幸运者,她是作为丈夫居里的助手而获得科研职位的。克拉拉毕业后,也曾在阿贝格的实验室有一个非

---

[1] J. A. Johnson, "German Women in Chemistry, 1895–1925 (part I)", *NTM International Journal of History & Ethics of Natural Sciences, Technology & Medicine* 6 (1): 1–21.

[2] B. Friedrich, D. Hoffmann, "Clara Haber, nee Immerwahr (1870–1915): Life, Work and Legacy", *Zeitschrift für anorganische und allgemeine Chemie* 642 (6): 437–448.

正式的职位。不过，她不像居里夫人那么幸运。仅仅半年以后，1901年8月，她接受了化学新星弗里茨·哈伯的求婚，成为哈伯夫人。克拉拉相对正式的科学生涯结束了。

这其实是哈伯第二次向克拉拉求婚。十年前，还是学生的哈伯在一次舞会上与克拉拉相遇，被克拉拉所吸引。当时克拉拉以学业为重，拒绝了他。

婚后生活起初还好，两人志同道合，有共同语言，如王子和公主的童话。十个月后，他们的儿子赫尔曼出生了，这占用了克拉拉更多的时间。虽然克拉拉仍然对化学充满热情，试图继续她的科学事业，不过婚后，克拉拉再也没能发表任何学术论文，只参与过少量的学术活动，给当地的妇女组织办过讲座，把几篇学术论文从英文翻译成德文，再有就是把哈伯的一部《气体反应的热力学》翻译成英文。[1]这本书在1905年出版，获得了很高的赞誉。在扉页上，哈伯秀了一次恩爱，将这本书"献给挚爱的妻子，克拉拉·哈伯博士，感谢她无声的合作"[2]。

不过，实际上，他们的童话关系已经结束了。哈伯就像那个年代的大多数男人以及我们这个时代的很多男人一样，把自己当作中心，要求妻子完全为他服务。克拉拉要帮助哈伯准备材料，翻译哈伯的文章和教材，校正实验数据，还要准备宴会，料理家务。而哈伯自己，则完全不承担家庭责任。在赫尔曼出生不久，哈伯就抛下妻子，独自去美洲旅行了三个月之久。

这场婚姻对哈伯的科学事业有莫大的帮助，而对克拉拉来说，只是把自己变成了哈伯的注脚，出现在哈伯著作的扉页上。克拉拉的身份不再是一个独立的个人，而是哈伯的夫人。哈伯的学术声望与日俱增，克拉拉的失落也与日俱增。

克拉拉在给导师阿贝格的信中写道：

---

[1] S. V. Meschel, "A Modern Dilemma for Chemistry and Civic Responsibility: The Tragic Life of Clara Immerwahr", *Zeitschrift für anorganische und allgemeine Chemie* 638 (3–4) : 603–609.

[2] J. Dick, "Clara Immerwahr", *Jewish Woman: A Comprehensive, Historical Encyclopedia*, 2009.

在这八年的岁月中,弗里茨所获得的,也是我失去的。留给我的只是深深的失望和不满,我总感到,一个人只有充分发挥各种才能,经历生活给予的一切,才不枉活着。[1]

在克拉拉的内心深处,她应该更希望成为某一部著作的作者,而在扉页上把这本书献给哈伯。她以哈伯夫人的身份出现在与其他科学家的家庭聚会中,出现在哈伯的社交场合,也出现在哈伯的实验室里。大概只有在与导师阿贝格及当年实验室同事通信时,才是原来的自己。这些通信成为后人研究克拉拉的宝贵资料,它们保留在马普学会,作为哈伯档案的一部分。1990年,哈伯档案对外开放。

作为一名知识女性,作为一位科学家,克拉拉对科学有自己的理解,对于世界也有自己的理解。她反对哈伯把科学用于战争,反对哈伯研发毒气,更反对哈伯亲自上战场。她在哈伯的实验室见过实验动物暴露在路易斯毒气、芥子气和氯气之下的惨状。甚至哈伯的实验室成员也目睹过克拉拉与哈伯的争吵。克拉拉还提醒哈伯德国所签订的国际公约,而哈伯则斥责她的言论是叛国。

在这个故事中,我们可以看到,当观念发生了变化,我们就关注到不同的细节。原本作为注脚甚至名字都不被提及的克拉拉,变成了一部传记的主角,还成为戏剧、影视中的角色。昨天默默无闻,今日名满天下。

观念发生了变化,我们对历史人物的评价也发生了变化。作为诺贝尔奖得主,哈伯在生前身后可以说享受了巨大的荣耀。即使存在某些争议,他仍然获得更多人的尊敬。为尊者讳,中外亦然。我们在研究克拉拉的过程中,辗转获得了克拉拉传记的作者冯·莱特纳(Gerit von Ieitner)的联系方式,并与她取得了直接的联系,她说,在她撰写克拉拉传记的时候,

---

[1] 马克斯·佩鲁茨,《真该早些惹怒你:关于科学、科学家和人性的随笔》,第10页。

在她采访哈伯当年的同事、学生时，人们对她为克拉拉作传是存在疑问的，很多人并不愿意接待她。

历史学家能够越过哈伯，直接找到克拉拉的渠道有两个：其一是作为女性科学家，其二是作为犹太科学家。克拉拉现在所获得的荣誉和名望不是来自她的科学成就，而是来自她的科学理念，尤其是她的悲壮死亡。克拉拉现在已经成为科学伦理、和平主义、女性主义的象征。

当时的人们不能理解克拉拉的自杀，也不能理解克拉拉对婚后生活的抱怨。在那个年代，女性天然就应该是男性的附属品，并应该为辅佐夫君而感到荣耀。那个年代女性主义思潮还远远没有到来，对科学伦理也没有出现系统的思考，也没有系统完整的反战主义、和平主义思想，但是，从克拉拉的书信和行为中，人们解读出一位先行者。

6. 从毒气、炸药到化肥、农药

克拉拉死后第二天，1915年5月2日，哈伯又启程前往东部前线督战，留下年幼的儿子处理后事。1915年5月8日，克拉拉的死讯被当地报纸报道，报道称"这位不快的女人自杀的原因未知"[1]。20世纪30年代，赫尔曼移居美国，也以自杀了结了生命。

哈伯在"一战"中为德国做出的贡献不仅仅是毒气。他所发明的合成氨法，也直接和间接地帮助了德国。而这种帮助，竟然是从两个截然不同的途径。

1900年前后，德国的氮肥主要来自智利的鸟粪和硝石。1914年"一战"爆发，英国军舰切断了这条进口路线。麦克尼尔写道，如果没有这些进口肥料，德国就不能养活自己。但是，在1909年，哈伯发明的合成氨法可以

---

[1] S. V. Meschel, "A Modern Dilemma for Chemistry and Civic Responsibility: The Tragic Life of Clara Immerwahr", *Zeitschrift für anorganische und allgemeine Chemie* 638（3-4）：603-609.

工业生产了。所以,整个战争期间,德国一直能够满足粮食需求。[1]

但是,哈伯的贡献还不止于此。硝石同时也是制造炸药的重要原料。在硝石禁运之后,哈伯的合成氨法同时也为制造炸药提供了硝酸盐。佩鲁茨说,如果没有哈伯的发明,德国的炸药很快就会消耗殆尽,战争就会早点儿结束。如果那样的话,整个欧洲格局就大不一样了,希特勒也许不会上台,"二战"也可能就不会发生了。[2]

这也是合成氨法的特别之处。它同时具有科学服务于国家的两种方式:一方面是向大自然开战,从空气中获得面包;一方面是向其他国家开战,从空气中生产炸药。生产粮食与生产炸药竟然来自同一种技术。

在1947年的某一天,美国亚拉巴马州的马斯尔·肖尔斯(Muscle Shoals)军工厂,转而生产化肥。[3]这是一个重要的时间节点。从此刻开始,化肥才开始在美国大规模生产和使用。而在世界范围内,化肥和农药的普遍使用,还要等到1968年印度"绿色革命"之后。

"二战"之后,美国政府发现自己囤积了过量的硝酸铵,硝酸铵容易板结,不能久存,需要尽快处理。这时有人想起硝酸铵的另一个用处。有人建议撒到森林中,帮助林业。农业部的专家则建议撒到农田里。迈克尔·波伦说:"化肥工业以及由战时毒气工厂转型而来的农药工业,其实是美国倾国家之力,将战争机器在和平时期另作他用的结果。"[4]

化肥和农药,同时就是炸药和毒气。一开始用于向人类作战,一转身就用于向自然作战。也就是说,化肥和农药这两项技术,是有原罪的。

自从人类使用了化肥和农药,人与大地的关系,也就是最基本的人与自然的关系,发生了质的改变。二者从合作关系,变成敌对关系。

关于化肥与农药功过的进一步讨论,会延伸到关于工业化农业与传统

---

[1] J. R. 麦克尼尔,《阳光下的新事物:20世纪世界环境史》,第22页。
[2] 马克斯·佩鲁茨,《真该早些惹怒你:关于科学、科学家和人性的随笔》,第10页。
[3] 迈克尔·波伦,《杂食者的两难:食物的自然史》,第35页。
[4] 同上。

农业及生态农业的讨论,在此不深入展开。我们可以看看环境史家的说法:

> 到1940年,全世界大约使用了400万吨化肥,其中大多数是氮肥和超级磷肥,也有从钾碱中提取的钾肥。
>
> 到了1965年,全世界用掉了4000万吨化肥,到1990年,几乎用掉了1.5亿吨化肥。
>
> 化肥过去是、现在也是全球土壤化学变化的决定性因素,同时伴随着巨大的经济、社会、政治及环境后果。
>
> 一方面,化肥也许让额外的20亿人有饭吃。若不大幅度增产,维持现有世界人口大约需要增加30%的耕地——这是一个非常艰难的目标。
>
> 另一方面,在1950—1985年间,化肥系统地扩大了农民的贫富悬殊,这种贫富悬殊既存在于不同社会之间,也存在于农民之间。[1]

麦克尼尔没有与第一堡垒的说法较真儿,他加上了"也许"二字。化肥对全球土壤化学变化,以及巨大的后果,使得我们不再能简单地、轻易地对化肥做出绝对正确的价值判断了。迈克尔·波伦也说到这一点,他写道:

> 哈伯的发明至今尚不满一个世纪,却已改变了地球的生态环境。目前全世界可用的氮元素,有一半是人造的(除非你从小就是吃有机食物长大,否则你体内大约有一千克的氮元素都是由哈伯-博施法固定下来的)。斯米尔说:"我们已经扰乱了全球的氮循环系统,严重的程度远胜于其他元素,甚至包括碳元素。"人类扰乱碳循环系统已经造成全球变暖,而扰乱氮循环系统的后果更难预测,但严重程度可能

---

[1] 约翰·麦克尼尔,《阳光下的新事物:20世纪世界环境史》,第23页。

不亚于前者。[1]

麦克尼尔和波伦还提到了一件事儿,也是一般历史学家所不曾关注的。在化肥使用之后,导致育种方式发生了变化,从而导致农田里的物种也发生了变化。吸收化肥能力强的物种——玉米,被更加广泛地种植。而在玉米之中,那些吸收化肥能力最强的品类,也被筛选出来。

中国大规模使用化肥是20世纪80年代改革开放之后才开始的,几十年后,与发生"绿色革命"的国家遭遇到同样的问题,土地板结,地下水污染,土壤中的生物、微生物严重匮乏。2014年,国家环保部发布《全国土壤污染现状调查公报》,结果非常糟糕。简而言之,农田成了污染源。

化肥的故事就讲到这里,下面我们再回到哈伯身上。

在那个年代,乃至于今天这个时代,哈伯都是社会需要的优秀人士。才华横溢,热衷于建功立业,把个人的功名放在家庭之上,要求妻子和孩子服从自己。"一战"结束之后,德国战败,要付出巨额的战争赔款。哈伯又一次发挥了爱国热情,试图从海水中提炼黄金,但这次他失败了。

在克拉拉自杀两年后,1917年,哈伯与夏洛特·内森(Charlotte Nathan)结婚了,他们也生了一个儿子。不过,这场婚姻只延续了十年。

1919年,"一战"结束,哈伯与能斯特曾被协约国列为战犯,哈伯逃到瑞士,获得瑞士国籍。几个月后,协约国撤销了对他的引渡要求,哈伯回到德国,违背《凡尔赛公约》,继续秘密研制毒气。1933年,纳粹上台,尽管哈伯努力向纳粹示好,作为犹太后裔,他仍然不能为纳粹所容。哈伯逃到英国,受到了他的化学战对手、剑桥化学家威廉·波普(William Pope,1870—1939)的善待。1934年1月,哈伯在瑞士旅行期间心脏病发作而死。1919年,哈伯曾经发明毒气齐克隆B(Zyklon B),意在用作杀虫剂。这种杀虫剂在哈伯死后,于1943年被用于奥斯维辛集中营,屠杀哈伯

---

[1] 迈克尔·波伦,《杂食者的两难:食物的自然史》,第40—41页。

克拉拉与哈伯位于瑞士巴塞尔赫恩利（Hörnli）墓园的墓地，墓碑上克拉拉的名字跟着哈伯的姓。洛伊克特（Michael Leukert）摄于2014年4月20日，原图为彩色。感谢作者授权

Creative Commons

的犹太同胞。[1]

哈伯死后，按照他的遗嘱，人们将他与克拉拉合葬在瑞士。

7. 作为科学伦理、和平主义和女性主义象征的克拉拉

经过傅梦媛同学的检索，在欧美学界，克拉拉已经从科学史的深海中浮现出来，成为公众人物。

1967年，莫里斯·戈兰（Morris Goran）在哈伯的传记《哈伯的故事》（*Story of Haber*）中提到了克拉拉和她的最后时刻，这可能是克拉拉的名字第一次出现在英语世界。

1987年，克拉拉的角色出现在戏剧《爱因斯坦计划》（*The Einstein Project*）中。

---

[1] 马克斯·佩鲁茨，《真该早些惹怒你：关于科学、科学家和人性的随笔》，第12—20页。

1992年，英国著名诗人、戏剧家托尼·哈里森（Tony Harrison）所写戏剧《方圆》（*Square Rounds*）在英国国家剧院最大的舞台奥利维尔（Olivier）上演，克拉拉是六位主角之一。

1993年，冯·莱特纳的德文传记《克拉拉·伊梅瓦尔：为了人性的科学的一生》（*Der Fall Clara Immerwahr : Leben für eine humane Wissenschaft*）出版。这部传记为克拉拉的形象奠定了基础，成为此后通俗文章和影视作品的蓝本。冯·莱特纳是著名德国作家、广播电视制作人。该书由德国著名的贝克出版社出版，出版后产生极大反响，获得了1994年的杰出图书奖。

1996年，美国维拉诺瓦大学的杰弗里·艾伦·约翰逊（Jeffrey Allan Johnson）在《人文》杂志上发表文章《毒气背后的科学家：哈伯家的悲剧》，指出克拉拉身上的两大悲剧：一是女性角色对科学事业的阻碍；二是目睹丈夫从造福人类转向服务战争。[1] 这两点也是此后诸多文章讨论克拉拉时的出发点；

1998年，英国化学家、1962年诺贝尔奖获得者马克斯·佩鲁茨撰写长文[2]讨论哈伯的一生功过，其中详细介绍了克拉拉的自杀，其主要文献来自冯·莱特纳的传记。

在2011年国际化学年和2014年"一战"百年纪念中，克拉拉受到了更多的关注。2012年，美国化学学会会员芝加哥大学的梅切尔（Susan V. Meschel）博士在德国《无机与普通化学杂志》发表文章，称克拉拉的悲剧来自作为化学家与公民的两难。[3] 2015年，印度国家科学博物馆教育官员恰托帕德耶（Dhrubajyoti Chattopadhyay）在一份大众读物上介绍克拉拉，称她为"科学中未被赞扬的女英雄"[4]。

---

[1] J. A. Johnson, "The Scientist Behind Poison Gas: The Tragedy of the Habers", *Humanities*, 1996, 17 (5) : 25–29.

[2] Max F. Perutz, "Friend or Foe of Mankind?", *I Wish I'd Made You Angry Earlier: Essays on Science, Scientists, and Humanity* (1998) : 3–16.

[3] S. V. Meschel, "A Modern Dilemma for Chemistry and Civic Responsibility: The Tragic Life of Clara Immerwahr", *Zeitschrift für anorganische und allgemeine Chemie* 638 (3–4) : 603–609.

[4] Dhrubajyoti Chattopadhyay, "Clara Immerwahr: Unsung Heroine of Science", *Science Reporter*, January, 2016, pp. 38–40.

2014年的话剧《禁区》（*Forbidden Zone*）和《佐默14：死亡之舞》（*Sommer 14: A Dance of Death*）都有她的角色出场；同年，德国全国性公共电视台一台播出了关于她的电视电影。

1991年，诺贝尔和平奖得主国际防止核战争医生组织（IPPNW）设立了克拉拉·伊梅瓦尔奖；2006年，并入普朗克学会的哈伯研究所在机构内为克拉拉建造了一座纪念性建筑；2011年，跨学科研究网络组织 UniCat 为鼓励年轻女化学家，设立了奖金为15000欧元的克拉拉·伊梅瓦尔奖。[1]

随着时间的推移，哈伯获得的负面评价越来越多，从劳苦功高的巅峰堕入罪魁祸首的深渊。而克拉拉则从哈伯的影子中走出来，焕发着越来越灿烂的光芒。仿佛是一颗隐忍的种子，深埋土中，在差不多一个世纪之后，萌芽，长大，成为一棵大树。又仿佛是一颗遥远的新星，她的光芒，要在一个世纪之后，才到达人间。

克拉拉已经成为女性主义、和平主义和科学伦理的象征。

8. 编史纲领与所写的历史是相互建构的

从这个故事中，可以看到科学史的再阐释是如何发生的。当我们接受一个宏大叙事的时候，我们会想当然地认为农药、化肥的发明和应用，也会符合我们默认的图景：科学指导技术——技术指导产业——新技术提高生产力——人们的物质需求得到满足——从而造福人类。在这种思维模式的约束下，人们写出来的会是另外一个故事。

而一旦产生了一个疑点，不断挖掘下去，默认的宏大叙述逻辑就会轰然倒塌，我们会看到从前不曾关注的细节，获得一个新的故事。这个过程如同破案一样。我曾经为江晓原教授《天学真原》撰写书评，有一句评语，

---

[1] UniCat.tu-berlin.de (2017). Unifying Concepts in Catalysis: Clara Immerwahr Award 2017. [online] Available at: https://www.unicat.tu-berlin.de/index.php?id=807&L=0 [Accessed 27 Jul. 2017].

"如侦探小说一般好读"。这是人文学术的乐趣。

这一讲可以视为科学史的实际操作。

2017年,我提出了从 STS 走向 STSE,其中 E 代表环境(environment)或者生态(ecology)。即从"科学、技术与社会"研究走向"科学、技术、社会与环境(生态)"研究,并提出一个"科–技–产–业–污废"链[1]的理论,来解释科学、技术、社会与环境的关系。

在科学主义的理念下,人们常说,科学技术可以满足我们的愿望。科学技术是怎样满足我们的愿望的呢?大致是这样:

对于一个愿望,比如长生不老、呼风唤雨,我们先需要对生命的衰老机制、对于风雨的形成机制,给出一个科学的解释。有了一个科学解释,就会有一种技术干预的可能性,于是就会发明出一个产品,并形成一个产业。这个科学–技术–产品–产业的过程,可以浓缩为"科–技–产–业"链。人们相信,这个链条运转得越快,社会越发展,人们的愿望越能得到满足,社会越进步,人们越幸运,所以进入工业文明的现代社会,就不断地发明、运行一个又一个的科技产业链。

在产品应用之后,可能会产生负面效应。那没有关系,这个链条会回到起点,对原来的科学解释进行调整,比如,某一个因素以前没有注意到,现在考虑进去了,科学也就进步了。科学进步了,技术干预的方式也应该随之进步,于是产品就升级了,产业也跟着升级了。

也就是说,在原来的观念下,科学技术产品的负面效应,不会对"科–技–产–业"链本身构成否定,反而会"完善"这个链条,加固这个链条,强化这个链条。

我所强调的是,"科–技–产–业"链不是在真空中运行的,不是在实验室中运行的,而是在具体的社会环境和自然环境中运行的。于是,就

---

[1] 田松,《警惕科学主义:在科学技术与社会的临界点上》,《文化纵横》2017年第12期。

会遇到"工厂生态学第一原理"和"科技产品污废周期律"。

"工厂生态学第一原理"是我提出并命名的，大意是说：一个工厂，不论生产什么，都必定不是本地生态系统的一部分，而是其异物，它的原料来自全球化市场，产品走向全球化市场，可以与本地无关，但是，它必定要用本地的水，并把垃圾留在本地。所以，必然会对本地的环境构成伤害，比如污染空气、污染水源、污染土地……

"科技产品污废周期律"也是我提出并命名的，大意是说：一个科技产品，从物质不灭、能量守恒的角度考虑，不论它是什么，比如一部手机，追溯其来源，必然来自森林、矿藏、天然水体；跟踪其去处，则必然变成各种形态的垃圾——固态的、气态的、液态的，以及耗散热。

因而，"科－技－产－业"链在自然环境中的运行，必然会对本地的生态环境造成伤害，实际上表现为"科－技－产－业－污废"链。这意思是说，这个链条运转越快，越能破坏本地环境，破坏全球生态，最终导致作为一个完整生态系统的地球生物圈整体崩溃，从而使人类文明随之崩溃。

如果我们只看到了"科－技－产－业"链，我们书写的历史，就很可能是一个科学主义的辉格史，化肥和农药都是值得我们赞美的，代表进步的力量。而如果我们看到了"科－技－产－业－污废"链，以往我们歌颂的造福人类的力量，就会变成危害人类的力量，就会成为被诅咒的对象。

从对一个细节的质疑，"那些被化肥和农药所拯救而免于饿死的人在被拯救的那一年是几岁"，到"科－技－产－业－污废"链理论的提出，中间经过很多年，这其中穿插着哲学性和历史性的研究。

我的怀疑促使我到化肥和农药的历史中寻找硬币另外的一面；这些史料在以往的历史中是被忽略、被忽视、被丢弃的——因为在原来的范式中没有意义，没有价值，这些史料聚集起来，获得了一个新的故事，这个故事在原来的理论中无法解释，需要一个新的理论。新的理论如果没有新的故事，也无法立足。所以，对我而言，在这个过程中，理论和故事，哲学和历史，是相互建构、相互支撑的。

回过头来，希望大家继续琢磨"历史的细节"。以往的科学史、科学哲学有一个顽强的、内在的逻辑，认为细节是作为装饰的。我想说细节不仅仅是装饰，它有的时候是钥匙，对于整个屋子来说钥匙很小，但是钥匙错了门就会打不开。

这一讲与本书其他各讲略有不同，大部分内容是事后补充的，在课上并没有讲得如此之细。事实上，在上课的时候，我对于克拉拉的了解，并未发展到现在这个程度。

另外需要补充说明的是，本讲关于克拉拉的这部分内容来自傅梦媛与我合作的一篇文章，文章即将发表[1]。这篇文章也是傅梦媛硕士学位论文的一部分，所以其中所涉及的史料大部分是傅梦媛梳理、翻译的。承蒙傅梦媛同意，我用在了这本小书中。特此感谢。

---

[1] 在本书编校过程中，该文已经发表。傅梦媛、田松，《克拉拉·伊梅瓦尔博士：科学史中一颗延迟闪亮的星》，《自然辩证法通讯》，2019年第9期，第110–117页。

第四讲 | 历史的功能

> 读史使人明智，读诗使人灵透，数学使人精细，物理使人深沉，伦理使人庄重，逻辑修辞使人善辩。
>
> ——弗朗西斯·培根

> 夫以铜为镜，可以正衣冠；以史为镜，可以知兴替；以人为镜，可以明得失。
>
> ——李世民

> 一个人只拥有此生此世是不够的，他还应该拥有一个诗意的世界。
>
> ——王小波

1. 以史为鉴与无用之学

历史的功能，会被直接理解为历史的用途。人们要赋予一件事物以合理性，首先想到的就是它有什么用。具体到历史，人们就会想到唐太宗李世民和弗朗西斯·培根的名言。

以古为镜，以史为鉴，这是人们最容易想到的历史的功能。司马光就是以这种立场看待历史的，所以他那本书叫《资治通鉴》，书名很明确，就是为政治服务、为统治服务的。

历史当然是有用的,但历史之用不仅是作为镜子。从字面上,培根的名言"读史使人明智,读诗使人灵透,数学使人精细,物理使人深沉,伦理使人庄重,逻辑修辞使人善辩"为历史、诗歌、数学、物理、伦理、逻辑修辞分别指派了一个功能,但是不可拘泥。这段名言可以理解为一种特别的修辞,叫互文。就是说,各个主词和宾词可以替换。你说"读史使人灵透""读史使人精细""读史使人深沉""读史使人庄重""读史使人善辩",也都成立。如果一定要给历史指定某种具体的功能,那么,历史有无穷多的功能。而强调任何一种功能,都会让我们失去历史的其他功能,失去无穷丰富的可能性,使得历史被简化、矮化、塑料化了。

所以江晓原教授反其道而行之,强调历史的无用。历史是无用之学,科学史是无用之学,整个人文学科都是无用之学。

那么,作为一个科学家或者工程师,学习科学史有没有用呢?

坦率地说,没有多少直接的用处。在那些诺贝尔奖获得者中,没有谁是先研究了科学史才做出伟大科学成就的。相反,不少著名的科学家到了晚年倒是对科学史表现出浓厚的兴趣——不过此时他们在科学上的创造力通常已经衰竭。[1]

私下里,江晓原讲过他的辩护策略。上海交通大学是一个工科大学,为什么要建一个"科学史与科学哲学系"?就像一个人挣了钱,但是只有钱,那就是个暴发户,是个土豪。土豪最开始关注的是物质需求,置办豪宅、豪车和名牌包表。但是过一段时间,有些土豪就会不满足于此,就会附庸风雅。一个土豪要怎么样显得有文化一点呢?家里总得有两幅字画,甭管是中国的还是西洋的,要显得有文化,就得装饰一下。比如摆一个花瓶,摆一个古董。字画有什么用?没有什么用,对挣钱也没有直接的帮助。但如果你要显得有文化,就得有点字画,有个花瓶。江晓原说交大这么多

---

[1] 江晓原主编,《科学史十五讲》,北京大学出版社,2006年,第2页。

理工科系，都是能赚钱的系。赚了这么多钱，家里应该摆一个花瓶。那么，我们这个"科学史与科学哲学系"就是一个花瓶，所以别问我有什么用。你摆个花瓶就得养花，养花就得花钱。

江晓原说，这个花瓶很重要，尤其是在海外交流的时候，这个花瓶就派上用场了。学校之间总要有人际往来吧，人际往来不能总谈赚钱，总谈技术细节吧！就算是大伙儿一起喝酒，行个酒令，也得有点诗词歌赋，才看起来有文化。文化人行酒令是高雅，土豪猜拳则是粗鄙。所以，交大要显得有文化，就得经常把这个花瓶拿出来摆一摆，愉悦来宾。江晓原的这个策略是成功的，上海交大科学史系这个花瓶在交大的建制里显得非常重要，虽然它不能挣钱，也发不了几篇 SCI。江晓原其实是采用了一种以退为进的方式，陈述历史的功能。人文养成，没有直接功用的，但它构成了我们文化素养的基础。

有用没用，这是现代人常用的一个标准。这里面隐含着某种价值判断。有一期《奇葩说》海选，马东、蔡康永、高晓松做评委，一位清华博士生自陈本科学法律、硕士学金融、博士学传播，问几位评委他应该选择什么职业。高晓松直接表示了失望。他说：大名校是"镇国重器"，一个大名校的学生，应该"胸怀天下""让国家相信真理"，而不应该关心职业问题。

法律、金融、传播，都属于有用之学，但如果把大学当作职业培训所，那就浪费了。所谓如入宝山空手而归。大学当然是有用的，有很多功能，但是"大学之道，在明明德，在亲民，在止于至善"[1]。对于学生，大学最重要的功能在于提供一个境界，提供各种可能性，让学生能够看到人生的境界，看到存在的意义，看到这世界上还有那样的生活。然后提供一个氛围，因为同样优秀的青年聚集在一起，就会形成一种不同的氛围，相互激励。至于培养某些职业技能，则是大学最初级的功能。

---

[1] 此处为借用、戏说，饱学之士切莫当真。

古希腊的哲人关心形而上的终极问题，而不屑于谈有实用价值的东西。泰勒斯仰望星空，掉进水坑，这是哲人的荣耀。当然，不屑并非不能，泰勒斯也曾成功预测第二年的橄榄收成，赚了大钱，只是他认为这件事不重要。

王小波说："一个人只拥有此生此世是不够的，他还应该拥有一个诗意的世界。"高晓松说："生活不止眼前的苟且，还有诗和远方的田野。"这些都是在强调形而上事物、无用事物的价值。

文史哲首先是一种人文修养，荀子曰："君子之学也，以美其身；小人之学也，以为禽犊。"历史当然是有用的，但是有用，只是其附带的功能，是绝尘而去的大侠扬起的尘土，关注有用无用，格局就小了。

所以，历史首先是形而上的，首先是无用的。

无用之用，是为大用。

2. 历史是必然的吗？

在我们的日常话语中，"历史的必然规律"与"历史的本来面目"常常是连在一起说的。所以这一讲应该跟在第一讲之后。不过，我把历史的细节提到了前面。在关注了众多历史的细节之后，我们对于历史的必然性，可能会感到困惑。

我还是先讲一个故事，故事来自《读者》，可惜读得早，没有刻意记住故事的作者。

早年我经常读《读者文摘》，这是一家生产浓郁"鸡汤"的杂志，编辑部在兰州。美国有一家著名的文摘杂志叫 Reader's Digest，它的中文名字正好是《读者文摘》，中国加入版权公约之后，兰州《读者文摘》就遭到了美国的抗议，人家要打官司，于是兰州《读者文摘》就改叫《读者》了。《读者》的发行量无比巨大，而且特别守规则。它发表的每篇文章都有两份稿费：作者一份，推荐者一份。我自己的文章也曾被人推荐到《读者》，所以我也曾凭空收到了来自《读者》的稿费，以及授权书。

故事是这样的。在美国某个地方，一家人住在一幢有尖顶的房子里。下雨的时候，雨滴从天上落下来。如果落到南边的屋脊上，水就会流到屋子南边的一条小河沟，顺着这条小河沟汇入某一条河，跟着这条河进入太平洋；如果落到屋脊的北边，从北边滑落下去，就会进入屋子北面另外一条小河沟，进入另外一条河，最后随着那条河汇入大西洋。讲故事的人说，你看，雨在天上飘，飘着飘着落下来，可能有两滴雨，一路上聊得特别开心，关系特别密切，一起落到了屋脊，只要落点相差一点点，只要有一丝小风，只要屋脊有一点小凸起，两滴雨就会一南一北，最后一滴进入太平洋，一滴进入大西洋，此生再不得见。

历史上有很多事件，如同这个屋脊，或者如同一阵风，可能很微小，但是，却决定了此后历史的方向。在我们个人的历史中，也常常会遇到这样的屋脊和微风。比如高考，我们自己选择的志愿，以及那一年的分数线，就如同屋脊，或者微风。不过，哪一个是屋脊，哪一个是微风呢？

国家的命运到了分水岭，非常轻微的一阵小风，就能把它从南吹到北，往后的命运就完全不一样了。在这个意义上，历史的规律在哪里？历史有没有一种铁律存在？

前面我问过，工业文明是必然的吗？我们人类必然会走向工业文明吗？我们通常认为从农业文明走向工业文明是必然，可是当你认真地进入对细节的考察，这件事就值得讨论了。特朗普的当选是必然的吗？希拉里的落选是必然的吗？

下一个问题是：如果历史没有一个本来的面目，或者说即使有，但我们也不可能知道；如果历史没有一个必然的规律，或者说即使有，但是我们不知道；又如果说，历史确实有规律，但我们的历史就是不按照这个规律走……那么，我们为什么还要研究历史呢？我们要学习历史干吗呢？为什么我们要写历史，为什么要上历史课？

这几个问题归纳起来，就是要问：历史的功能是什么？

我给大家几分钟时间想一想，看看能给出几个答案。

课堂讨论片段 V

田老师：历史当然有很多功能，咱们一起想想，我们知道的功能都有哪些？我们期望它应该有的又是哪些功能？哪位同学愿意说一说？

学生（李亚娟）：我第一个想到的是，在《科学的历程》的前面，吴国盛老师说到他写科学史的意义，我记得比较清楚的一点就是，他把科学史看作沟通文、理的桥梁，尤其可以让理科生，比如学物理、化学的学生更有人文素养，这一点是让我印象比较深刻的。至于我自己的想法，我说的可能比较大，我觉得不同的民族有不一样的历史，这些不同的历史可以把我们跟其他的民族区分开来，这就是所谓"历史的功能"吧！

还有一点，历史也有一定的教育意义。就是说，过去好的东西可能会让后人吸取一些有益的教训，而不好的东西一定会引起后来者的警惕。

再一个，对个人来讲，我觉得历史是必要的，因为知道有些东西是怎么来的，这本身就是一件特别重要的事情，你可能觉得它不会给你的物质生活带来多大的提高，但我觉得历史对人的精神来说确实是一种滋养，我觉得这是特别必要的。

学生（古马尔）：我觉得历史能帮助我们分析一些案例。

田老师：分析案例？

学生（古马尔）：对。历史还能给人以文化修养，当你看到这么多已经发生的历史，对于现在发生的一些问题，就能更好地安慰自己，对个人来说可能有这个功能。

学生（刘莉源）：我最近在读库恩的《科学革命的结构》，他在书中以历史为视角反对传统的逻辑经验主义的知识累积主义和波普尔的证伪主义，库恩认为他们都是脱离了历史语境来谈论科学的。前者过于强调科学常规发展的累积、渐进，忽略了科学突变、革命的过程。而波普尔只强调科学的革命、革新，忽略了历史中的科学实际上有一种常规建制。库恩反对我们先有观念，然后用那些观念来套历史；反对把我们已有的观念套到历史中，然后再去历史中找例子。库恩认为如果我们想要了解科学到底是什么，就必须先放弃我们已有的那些观念，再来考察历史究竟是怎么回事，在真实地考察历史的过程中得出"科学是什么"。所以，我觉得我们研究学习科学史的意义就在于，能够从历史当中得出科学到底是什么，或者说科学发展是什么。

田老师：是指规律吗？

学生（刘莉源）：对，历史发展有没有规律或者有没有某种模式。我们不能预测说肯定有或者肯定没有，但是我们可以尝试着从历史的过程中去看，去了解一个事物的本质。历史更能够让我们认清一些东西。

我还想到了历史的一个功能，我们通常说一个人得出一个理论，或者下了一个判断，另外一个人再去判断他说的是真是假的时候，往往会问他，你的理论的来源是什么？你的根据是什么？然后他往往会追溯到一个更早、更权威的理论，也就是所谓的"历史溯源"，历史的这个功能可能也是给我们一个借鉴或者参考标准吧！

大家最近这段时间感受到历史的细节了吗？我们亲历了各种历史的细节，比如美国大选，大家感受到了吧？特别微妙。特朗普像是开着玩笑，一路过关斩将，竟然就赢了。在此之前，美国的主流媒体，美国的中产阶级，乃至国际社会，没有几个人相信特朗普能够胜选。虽然大家也不怎么喜欢希拉里。

这次大选跟2000年戈尔和布什那一次如出一辙。那一年，戈尔获得的选民投票领先布什50多万张，但是，按照选举人票计算，布什赢了5张。两人只差一点。我们看这里面的细节，一开始戈尔很绅士地接受了结果，并向布什表示祝贺，愿赌服输。可是祝贺之后，发现了佛罗里达州的计票有问题，民主党要求重新验票，戈尔宣布收回对布什的祝贺。在佛罗里达州，布什赢得的选票数只比戈尔多几百张，但是民主党认为有6万张票没有被统计到，于是要求人工重新计票。如果戈尔能够拿下佛州，赢得那里的25张选举人票，大选结果就会翻盘。佛州法院做出了支持民主党重新计票的裁决，共和党上诉到联邦最高法院。最高法院九位大法官一致裁决，此事联邦法院不管，发回佛州重审。佛州法院又做出了新的裁决，支持人工计票。布什阵营再向联邦最高法院上诉，这一次，九位大法官以一票之差，下达紧急命令，要求佛州立即停止人工计票。在几天之后的辩论中，联邦最高法院依然是以五比四做出裁决，承认此刻的结果，禁止重新计票，布什获胜。

联邦最高法院两次以一票之差支持了布什。并且，投票完全符合各位大法官的政治立场。赞成票的五票来自四位保守派大法官加上一位中间偏右的大法官，反对票的四票都来自自由派大法官。

关于这场一票之差的裁决，至今存在争议。但是，联邦最高法院一旦裁决，就要执行。就像踢足球一样，就算裁判错了，这一局也只能将错就错。不能因为在录像上一看，裁判错了，就推翻裁判的判罚，结果就重算。联邦最高法院裁决的各种理由之中，也有这个意思。重新计票旷日持久，未必就能保证公平，也会引起新的争端。大选过后，就要尽快给出一个结果。既然已经有了结果，就封住选票，不要再折腾了。不管谁输谁赢，总得有一个人当总统！

于是，布什就成了总统，又连任了一届，做了八年。布什上台之后，美国就跟伊拉克打起来了；如果戈尔上台的话，情况可能会不一样，甚至会不会发生"9·11"事件都值得讨论了。戈尔与布什在很多方面的主张大相径庭。比如，戈尔是绿色分子，主张环保，要对抗全球变暖，而布什甚至不承认全球变暖这回事儿。特朗普同样也不承认全球变暖，认为这是中国人的阴谋。特朗普一上台，美国政府便退出了要求减少温室气体排放的《巴黎协定》。

这两次大选，都构成了历史的屋脊。

特朗普上台之后，全世界范围内发生了逆全球化的趋势，甚至英国都脱欧了，保守主义、民粹主义、民族主义抬头，美国这边也是如此。所以，你们看各种各样的细节很重要。这就好比一个东西立着，不稳定平衡，它往哪边倒这件事是非常不好说的。两边都没有一个决定性的力量，力量的对比是非常微妙的，但结果究竟是往这边倒还是往那边倒，导致的历史是完全不一样的。倒向特朗普还是倒向希拉里，对于美国未来的四年到八年，可以说是非常大的影响，就像当年倒向戈尔还是倒向布什一样，不仅对美国，而且对全世界的影响都很深远。本来美国是世界警察嘛，特朗普就不想当警察了，不想跟你们玩了，要让我当警察得交保护费，他就完全是不想做老大了。

大家感受一下历史的细节，再回过头来看与福建隔海相望的台湾。也是2000年，戈尔对布什那一年，陈水扁在台湾竞选地区领导人。陈水扁在拜票时遭到了枪击，肚皮擦破了。这次枪击激起了民愤，陈水扁声望大涨，一举拿下选举。现在回过头看，这场枪击案疑点重重，很多人认为是陈水扁自导自演的。此案至今未破。但是那场枪击成了屋脊，把陈水扁送上了台。

陈水扁在台上八年，大力"去中国化"。怎么样"去"呢？把台湾那些有中国、中华字头的机构，都改成台湾、改成台北。国民党刚去台湾的时候，把"民国政府"搬到了台湾。就是说，"中华民国的中央政府"在台湾，所以有很多"代表中国"的机构在台湾，比如"中华奥林匹克委员会""中华民国红十字会"，我们经常能遇到的是"中华航空"。而陈水扁则要在机构名称中去掉"中国""中华"。

陈水扁还干了一件事情，也关乎一个细节，但是这个细节对于台湾人的自我认同至关重要，就是身份证。我在北京大学的时候，有一个学生是从台湾来的。她告诉我说，当年台湾人的身份证有一栏叫"籍贯"，被陈水扁改成了"出生地"。大家知道什么叫籍贯吗？就是说你的祖坟在哪里，你的籍贯就是哪里。如果论籍贯的话，那么当时跟着国民党去台湾的那些人及其后代的籍贯会是什么？会是山东、山西、湖南、湖北、河南、河北、江西、广东……孩子一出生，在自己的身份证上，就和大陆存在着这么一个联系。每次使用身份证，都能看到这个联系。这是一种血缘上的联系，也是一种文化上的联系。

当时跟着国民党去台湾的那些人，一部分是大陆的精英——文化精英、社会精英、军事精英。还有一大部分是"国军"士兵。这样，在国民党进入台湾之后，社会中上层人士的籍贯几乎都是大陆各地，台湾本土的反而很少。籍贯是大陆的那些人的下一代，出生地都是台北、台中、桃园之类，全变成台湾的。他们在身份认同上和大陆的直接关联没有了。比如，一个小孩子，身份证上的籍贯是浙江奉化，他肯定要问：浙江在哪里？奉化在哪里？为什么我的籍贯是奉化？家里人就会把以前的故事讲出来。当籍贯变成了出生地，你可能就不会问家人这个问题，也没有一个随身携带的证件，随时提醒你和大陆的关联。

陈水扁对身份证的改变，看起来只是一个微小的改变，但是它制度性地对台湾青年的自我认同做了一个手术，改变了台湾青年的心理结构，尤其是精英后代的心理结构。

这个改变对于台湾本土精英也存在着结构性的影响。虽然，对于他们自己，籍贯与出生地都在台湾某地，似乎没有直接的影响。但是，人是社会性的动物。以往，你身边的朋友，有很多人的籍贯是山东、河北，那么你与山东、河北的距离也就近得多。在改变之后，你身边的朋友，都与你一样，出生地在台北、台南。你与山东、河北之间的距离，也就不像以前那么近了。

3. 车与船：不确定性中的稳定性

我们讲"历史的本来面目"的时候，讨论过"本质"。历史是否有一个本质，有一个本来面目，我们是不知道的。就算我们假设历史有一个本来面目，但是我们不知道哪一个是本来面目，本来面目是一件很难确定的事，本质也是一件难以确定的事。"本质"是我们的观念，我们希望面对的这个世界有一个"本质"，一个稳定的本质，这样我们会觉得比较安全、比较舒服，如果没有一个稳定的东西，我们会有点心慌。但是，我们想象一下，如果没有一个稳定的本质，可不可以？

　　大家坐过船吧？坐车和坐船的感觉是不一样的。坐车的时候，如果不发生地震，这条路肯定是稳定的、不动的，所以车能很平稳地在路上行驶。可是坐船的时候永远是有浪的，船就在浪里走。所以，即使没有稳定的道路，你也可以往前走，问题就在于你是否适应，是否愿意接受一个不稳定的基础。如果这个世界的基础本身就是不稳定的、动荡的，那么你的心理能不能承受得住？或者，我们换一个角度来说这件事，通常我们会认为道路是坚硬的、实在的，我们是在一个稳定的、本质的基础之上往前走的，这就是我们思考问题的基础，我们也愿意在这样一个坚硬的基础上去想问题。可是，我最开始就讲了，哲学是做什么的？哲学要对作为前提性的事物进行思考，对那些构成我们头脑中"缺省配置"的东西进行反思，这就意味着原来稳定的东西变得不稳定了，原来坚实的东西碎了；碎了之后，你可能去寻找更稳定的东西，认为总是要找着一个稳定的东西才甘心，才觉得舒服。

　　可是，按照我的玩法，对于作为前提性的东西进行反思，它还会被你干掉，那怎么办呢？最后，你只好适应在一个不稳定的基础之上，也就是说最后你只好离开公路，学会在船上走，适应船上的生活。我有一次在山东大学做讲座，有一个同学特别好玩，他是专程跑来"拍砖"的，事先做了很多功课，提出了很多问题，最后他义正词严地批评我说，我的理论都是建立在对事实的歪曲和误解之上的。那我就反问他，哪些是事实？哪些是我们的理论和想象？我们究竟看到了什么？哪些是我们看到的？何况我们看到的也只是我们看到的，只是事件的局部。根据这些局部构想出来的整体，包含了我们的理论和想象。

　　比如"日心说"，地球围着太阳转这件事情，和我们的感官经验根本是无法协调的，我们的感官经验是太阳东升西落。实际上，单靠我们的感官经验，连"地心说"都建立不起来。太阳到西边就没了，第二天又从东边出来，这就产生了一个问题，第二天出来的那个太阳是一个新的太阳呢，还是昨天那个太阳通过一个神秘的通道回来了呢？如果说，每天都是一个新的太阳，不断地往外冒，这个理论就比较烦琐；可是如果说只有一个太阳，它从那边绕一圈回来了，这个理论就简单一点，符合奥卡姆剃刀原理（如无必要，勿增实体）。所以，实际上"地心说"也是一个理论和想象。我们通过想象，才能理解同一个太阳离开再回来，它不是一个我们可以观测到的事实，也不是我们的感官经验。

关于太阳是怎么回来的，还有各种各样的说法。比如古埃及的神话说太阳在西方进入了冥河，冥河的一个渡船船夫把太阳载在船上，划了一个晚上运回去了，于是太阳第二天又出来了。另外一种说法干脆是努特在晚上吞下了太阳，让太阳在她身体里运行一周，第二天黎明时再放出来。因为古埃及没有大地是球的概念。对于同样一个现象，我们总是有多种理论的可能性。所以，我们要找到本质的、唯一的、绝对的东西，我把这件事情称为认识论的僭越，或者是认识论的狂妄。任何人宣称他找到了那个绝对的东西，我都是不相信、不服气的，我都要找一找他的小辫子。当然，我也不宣称我掌握了这个东西。更深入地看，观念和史实也是互相建构的。

爱因斯坦就说，你相信什么你就能看到什么，你不相信的就看不到。所以，有的时候常常是观念先行，我们为什么讲辉格史是无法避免的？无可避免的原因就在于我们常常是观念先行，我们学科学哲学的讲"观察渗透理论"，说的也是观念先行。你要设计一个实验，一定有一些预先的观念，使你可以设计这个实验。你的实验要完成什么？你实际观察到的现象可能跟你最初的观念有冲突，但你最初一定有一个观念，你才可能观察这个现象。

所以，如果没有一个理论在先，很多史实你是看不到的，或者说，这些史实你即使看到了，也会用别的方法去解释。比如三聚氰胺事件，如果你的脑子里一直认为牛奶是一个好东西，那这个孩子出了问题，你不会认

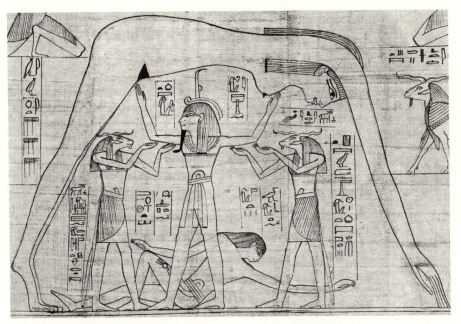

大英博物馆所藏埃及纸草书之局部,内容为古埃及神话中,天空女神努特(Nut)被空气之神舒(Shu)撑起,大地之神盖布(Geb)侧身躺在天空之下

Public Domain

为是牛奶出了问题,你肯定认为是别的原因,比如他先天体弱,他吃了什么别的东西吃坏了,等等。最后为什么能爆发?这是因为找不到别的原因了,出问题的孩子又那么多,而他们的共性是喝了"三鹿"牛奶。假如是一大堆成人得了这个毛病,一起到医院去,医院肯定会给他们每个人不同的解释——你是因为抽烟,你是因为前天睡眠不好,等等。

　　喝牛奶本身是一件可以忽略的小事情,甚至病人在陈述自己的病情时也不会说到我喝了牛奶,而且是"三鹿"牛奶,对吧?他根本不认为这是"一件事情",因为在他的观念里这件事并不那么重要。可是一旦这个观念发生变化,认为牛奶是有害的,喝牛奶这个事件就会凸显出来,就会被照亮,这个事实才会得到解释。史实一定是在一个总体的观念里面得到解释。再比如我讲牛奶的那篇文章,当我认为牛奶是一个好东西的时候,我对它不好的方面也是视而不见的,可是我忽然觉得这件事不对头,喝牛奶是坏的，我再刻意地去找对牛奶有害的例证，然后我就找到了，你不去找的话，即使那些事实在那里，你看一眼可能就略过去了；而一旦你的观念发生变化，这些零零散散的东西就聚合起来了。

实际上，有两句话也跟我讲的这些有关。一句是克罗齐讲的，"一切历史都是当代史"；再加上柯林伍德的那句话，"一切历史都是思想史"。这两句话非常有深意，需要我们反复地、耐心地琢磨。

课堂讨论片段Ⅵ

田老师：我们讨论继续，吕宇静你有什么答案？

学生（吕宇静）：我觉得历史的书写首先是对于一些需要了解历史的人而写，比如像我们要做研究的话，首先要认识一下历史，才能做进一步的自我思考，然后再进行整合，传播给后面的人。其实，每个人努力呈现出来给别人的那个历史，可能都是一个改造的历史，因为我们也不知道它原本真实的动态，所以，在认识的过程中，有可能选择一个新的或者更为中立的态度。

学生（蔚蓝）：我觉得历史的作用就是批判、辩护、选择、解释，这都是一些行为动词，行为主体都是人。对于那些列出来的东西，如果你认同它的话可以对它进行辩护；如果对它有反驳的话，可以进行一种批判；如果对它不想进行批判或者反驳的话，可以用它来解释；如果这些东西作用于现实，就是对于以后人生的一种选择，或者放大是对国家政策的一种选择。

学生：您问这个问题的时候，我就想到了我们历史系门口写着的话："为天地立心，为生民立命，为往圣继绝学，为万世开太平。"我觉得"为天地立心"就是想找到一个本质，"为生民立命"有挺强的政治目的，"为往圣继绝学"可能是一种对过去一些教育或思想的记载，"为万世开太平"好像有一种对未来的预测。但是，我个人认为，历史的主要功能是记载和分享,记载也是人的认知的一方面,从一般性的"发生了什么",像档案、地方志,地方志可能就有人的一些分析,但它记载的基本是一些现象,个别的可能会往上开始分析了,有了一些观念的深入。再往上,我感觉历史很大部分是政治作用,所以我觉得它根本上是一种认知功能。我不是特别赞同有的人说历史有对未来的判断或预测,我不是特别赞同这个。

4. 历史告诉我们自己是谁:身份认同

后印象派大师保罗·高更(Paul Gauguin,1848—1903)有一幅著名的油画:《我们从哪里来?我们是谁?我们到哪里去?》

这是一个永恒的问题。小孩子一旦获得了自我意识,有了我的概念,就会向大人提问:我是从哪儿来的?

我是从哪儿来的?对于这个问题的回答,界定了我们是谁,也限定了我们到哪里去。在人类的某一个族群获得自我意识之后,也会问同样的问题。这个问题需要回答,于是就有了神话。

我反复强调神话的意义和价值,创世神话相当于宪法,它最为重要,创世神话在先民看来就是历史,通过这个历史他们才能了解自己的来源和出处,这就是他们的身份认同,凭借这个,我成为我而不是别人。文、史、

保罗·高更的画作《我们从哪里来?我们是谁?我们到哪里去?》创作于1897年,画中的场景象征着人生的三个阶段,也象征着采摘智慧果和追求宗教信仰,原作现存波士顿美术馆

哲都在建构身份认同，历史是其中不可缺少的一个脉络。

课堂讨论片段Ⅶ

田老师：彝族人起名字是父子联名制，什么意思呢？就是父亲名字的最后一个字是儿子名字的第一个字，这样一代一代传下来。李白的《蜀道难》开头是怎么说的？

学生（李亚娟）：难于上青天。

田老师：还有什么——"蚕丛及鱼凫，开国何茫然！"蚕丛、鱼凫这些人，有人考证，古蜀国几个国王的名字，就是父子联名的。彝族人对祖先的重视到什么程度呢？小孩子启蒙时就有一个功课，背家谱。我们这里有多少人知道自己爷爷的名字？你知道吗？

学生（古马尔）：我知道啊！

田老师：为什么知道呢？你爷爷跟你一个名字吗？

学生（古马尔）：不是。

田老师：好，那有多少人知道自己太爷爷的名字，也就是爷爷的父亲的名字？不知道了。为什么你知道？

学生（蔚蓝）：因为背过，家庭教育。

通常我们和太爷爷这一代很少直接地生活过，而且即使跟爷爷一起生活，也会叫他"爷爷"，不会叫他的名字，所以实际上对他的名字，相对来说是陌生的。再往上追溯，除非你是名门望族，比如孔夫子家，那你知道你的祖先是孔丘，字仲尼。大部分人往上追几代就没有了。当然你可能会知道我的列祖列宗里有哪些著名的人物，比如几代以上是柳宗元，几代以上是唐太宗，这些都还能知道，但是不会像彝族人那样，他们可以一代一代地追溯。因为他名字的第一个字就是他爸爸名字的最后一个字，他爸爸名字的第一个字就是他爷爷名字的最后一个字，他一代一代倒，能倒到哪里去呢？能倒到神话中的祖先、人类的始祖、他的第一代那里去，也就是他们的创世神话。比如，纳西族的创世神话里，纳西人的祖先崇仁利恩跑到天上去，把天帝的女儿衬红褒白带下天来，然后他们两个结合并生育，他们的子孙是谁，在神话里面是有一个完整的谱系的。

大家看《圣经》也是，谁和谁生了亚伯拉罕，亚伯拉罕娶了谁、生了谁，这一代一代传下来都有记载。彝族人最厉害的是他能够把他自己的名字和神话中祖先的名字打通、连上，一代代背下去。我们大多数人也知道什么盘古、女娲，什么神农、伏羲，我们都知道我们神话中的一些祖先，但是我们跟他们是断的、连不上的，因为神话和我们的现实世界是断的，彝族人能把这个打通。纳西族人也可以把自己与神话中的祖先连接起来，非常了不起。

这样一来，身份认同的根扎得就非常牢固。两个彝族人碰到一起互相盘，很简单，就是每个人往上背诵家谱，背到某一代人，两个人重合了，再往上都重合了，他们就知道他俩的血缘分开多远，在哪一代分开的。这是历史给他们的身份认同，你们注意，这个身份认同里面包含的不完全是史实，因为神话也被他们作为历史，是历史的一部分，他们不认为神话是虚构的；即使现在，他们开始认为神话是虚构的，但是人家能连上。

塑造身份认同是历史的一个重要功能。我们和台湾搞统战时为什么总要讲历史？为什么不同的历史课会对两岸统一产生影响？如果两岸讲的是同一个历史，能够追溯到同一个祖先，在某一个地方分了叉，那么，大家就有一个共同的根。民进党上台之后，他们开始把中国历史当作外国历史来讲。在他们现在讲的历史里，中国人的统治是郑成功之后才开始的，最早在台湾建立统治的是荷兰人，荷兰人之前是土著，无论是荷兰人、郑成功，还是土著，都没有建立过一个统一的政治机构，没有过对全台湾进行完整的统治。郑成功统治的是台南那一带，以港口为中心的部分，其他部分他都统治不了。完整地统治整个台湾是从日本人开始的，日据五十年。在这个历史中，中国人是外来的。所以，台湾讲的历史跟我们讲的历史不搭界，身份认同就没法建立起来。

　　如前所述，作为身份认同的历史，是可以把神话也包括进来的。历史让我们知道从前发生了什么，但是，历史告诉我们所发生了的，未必是实际发生了的。实际上发生了什么，我们并不完全知道。关键在于，我们相信什么。即使是神话，只要我们相信那些神话是我们自己的神话，是我们共同的神话，同样会产生身份认同的效果。这时候就有另外一句话可以用上了，知识社会学的创始人卡尔·曼海姆（Karl Mannheim，1893—1947）是这样讲的——什么是知识？知识是共同信仰。我们大家都相信的东西，就是我们的共同信仰，就是我们的知识。

　　彝族人相信伏羲、女娲、盘古，承认他们是我们共同的祖先，哪怕是神话中的祖先，但是我们大家都认同，我们共同接受，就是我们的知识。所以，历史里不一定完全是从科学的意义上经过验证、确证、发生过的事情。历史中的某些重大事件很可能不是实际发生的事件，而是传说中的事件，但是这个传说中的事件会成为身份认同的一部分，成为民族心理结构的一部分。

　　科学史也具有这样的功能。正如木匠供奉鲁班，造纸匠供奉蔡伦[1]，伶人供奉唐明皇，各行各业都有自己的祖师爷。每个行业的出色匠人都必然知道自己的祖师爷，也能历数本行业的历代高手，并以自己是他们的传人而自豪。在某种意义上，科学史也塑造着当代科学家的自我认同。当代科学家会以爱因斯坦自豪，以牛顿自豪，以伽利略自豪，以哥白尼自豪。上溯到古希腊，可能也会以阿基米德自豪，以欧几里得自豪。但是对于托勒密，可能会有些尴尬。这种尴尬，也是来自有意无意的某种科学史的建构。

　　现代科学分支越分越细，细到处于不同分支的两个物理学家都可能看不懂对方的工作。不过，他们彼此也会有认同感。当他们追溯学科史的时

---

[1] 李晓岑教授考证，古法造纸有两种，浇纸法和抄纸法（捞纸法），两者源流不同。前者更为古老，至少在西汉就已经出现。蔡伦是捞纸法的发明人或改良者。

候，会在某一点会合，比如麦克斯韦，比如牛顿。这与彝族人背家谱类似。

5. 历史是价值观的塑造

孟子曰："孔子作《春秋》，而乱臣贼子惧。"孔夫子只是写了一本书，乱臣贼子怎么就会害怕呢？实际情况可能没有那么严重，这只是孟子的意淫。不过这也反映了中国人对历史的态度。中国人特别在乎青史留名，在意后世的名声。文天祥不怕死，宁可死，也要"留取丹心照汗青"。

一个人后世的声名，不仅在于这个人活着的时候做了什么，还在于史官怎么写。所以史官就拥有了特殊的权力。所谓"武人的刀横行百年，文人的笔横行千年"。白纸黑字写下来，就有了特殊的魔力。所以孔夫子会让"乱臣贼子惧"。当然，这里的"乱臣贼子"和"惧"，也存在相互定义的关系。

孔夫子对史料不是简单地排列，而是对史料进行了筛选、评价。那么以什么样的方式筛选和评价呢？当然，他是按照他的价值观，评定哪些人是"乱臣贼子"，哪些人是"独夫民贼"。反过来，历史编订之后，又在传播他的价值观。

历史在传承的过程中，不仅传递了故事，也传递了价值观。比如，司马迁写历史，对项羽大加赞扬，他表达了一种价值观。你接着讲这个故事，又在传播这种价值观。而我们把过去的故事拿过来重新改造、重写一遍，是在以一种新的价值观重写，传达这种新的价值观。所以，历史在本质上是一种价值观的重新塑造。大家看了我那篇文章了吗？《量子世界的说书人：关于〈量子物理史话〉，科学史的写与重写》[1]，文章讲了几个层面：

首先是历史书写者的身份，你是以什么身份在写？你写给谁看？你是在教室里作为教授在讲历史，还是在茶馆里作为一个说书人，不同的情境

---

[1] 田松，《量子世界的说书人：关于〈量子物理史话〉，科学史的写与重写》，《科普研究》2006年第4期。

下你的讲法和写法都是不一样的。所以我讲从陈寿（233—297）的史书《三国志》到罗贯中（1320—1400）的小说《三国演义》，再到袁阔成（1929—2015）的评书《三国演义》，三个不同的作者，面对的是不同的读者，而且处在不同的时代。同样的史实在他们的描述之下，呈现的是不同的价值观，这也就是为什么历朝历代的官方要修史、要修官史，修史才能使"乱臣贼子"惧怕。

《左传·襄公二十五年》记载，春秋的时候，齐国有一个叫崔杼的大夫，把他的国君杀了。太史写"崔杼弑其君"，这个"弑"就是杀的意思，不过专指以下犯上的杀。臣杀君，子杀父，都叫"弑"。所以隐含着某种价值判断。崔杼大怒，把太史杀了。春秋时的史官是世袭的，家族职业。太史死了，太史的弟弟就是新的太史。太史的弟弟来了，他又写"崔杼弑其君"，又被杀掉了。他们的下一个弟弟来了，还是这么写，也被杀掉了。轮到第三个弟弟还是这么写，崔杼只好算了，不杀了。跟后世相比，崔杼还是个很了不起的人，气量很大，没有把太史一家灭门，自己扶植一家新的史官。这也说明那时候的史官比较轴，恪守职业道德，用我们习惯的话语方式，应该这样说：为了历史的本来面目不惜牺牲性命。这个故事还没有完。另外一家史官家族叫南史氏，以为太史一家几兄弟全都死了，于是抱着竹简跑过去，打算继续实写。后来听说"崔杼弑其君"这几个字已经写上去了，才放心回家。

在这个故事里，崔杼关心的，是他自己在后世眼中的名誉。史官关心的，是历史的真实，还是价值观呢？价值观肯定更重要。只有把真实本身当成价值观，才会一代一代地复述下去。

中国传统的人文学术，文史哲不分家，它们三位一体。"为天地立心，为生民立命，为往圣继绝学，为万世开太平"，这是张载对自己的要求，也是对人文学者的期许。可以说，这句话表达了中国传统文人的最高信念，被冯友兰称为"横渠四句"。"立心"可以做本质主义的解读，那就是强调"天地"，把"天地"理解成西方的自然。但是在中国语境下，应该做非本质主义的解读，强调"心"。它恰恰是主观的，超越于具体的实用功能。张载是社会精英，有士大夫情怀。"为往圣继绝学"，这是对以往价值观的传承；"为万世开太平"，这是对后代的责任。

孔夫子讲"君君臣臣，父父子子"也是这样，社会要有秩序，就要有价值观的传承。民主党有一种价值观，共和党有另外一种价值观。价值观有差异，对待底层民众的看法也会有差异。

历史是一种价值观的传承，科学史也是这样，也在传达着一种价值观，关于科学的价值观，当然也包含了我们对科学的看法和理解，它不仅仅是史实的排列和堆砌。

反过来，我们在写历史的时候，在面对一个史实或一本旧的历史书的时候，也要有一个重新衡量或评估它的尺度和视角。

6. 主动拒绝现代化的阿米什人

这次美国大选，还有一个传说中的细节，大家可以考证一下，很有意思。

阿米什人（Amish）向来与世无争，他们不参与美国的政治活动，不服兵役，不与人打仗，也不与人打官司，整个民族跟美国的主流社会是一种隔绝的状态，当然阿米什人也是从来不投票的。但是这一次大选，传说支持特朗普的人弄了很多大卡车，把阿米什人拉到投票站让他们投票，这些阿米什人全都投了特朗普，所以特朗普能在宾夕法尼亚州以微弱优势胜出。宾州属于"摇摆州"，这里是具有决定性的一场战役。一开始在整个东部沿海是希拉里全胜。东部沿海富裕的地区、西部沿海富裕的地区，这些都是民主党的大本营，都是支持希拉里的；中部一大片全都支持特朗普。宾州处于东部，与纽约州和新泽西州挨着，这个地方如果是希拉里拿下了，形势就完全不一样了。

从来不投票的阿米什人一下子冒出来支持特朗普，如同天外来客，不在各方面的预测之内。

下面我讲讲阿米什人的故事。

阿米什人是一个起源于欧洲的小教派，叫作再洗礼派。原来应该在瑞士，说的是德语的一种方言。阿米什人在欧洲被认为是邪教，被主流的天主教和新教打得到处乱跑，结果跑到了美国避难，应该是在美国建国之前就到美国了，在那里各自找到了家园。现在阿米什人总人口有30万，住在宾夕法尼亚州、威斯康星州、伊利诺伊州、俄亥俄州、印第安纳州等地。

阿米什人坚持从字面的意义理解《圣经》，坚持按照传统的方式生活，他们拒绝现代化。他们的村庄就在高速公路旁边、高压线旁边，但是他们不使用交流电，不看电视，不用电话。他们非常谨慎地接受外来的现代技术。阿米什人是农业民族，一直用马来耕地。我在2007年去过宾州兰切斯特（Lancaster）的阿米什人社区，亲眼看到了几匹马拉着铁犁在田里耕地。后来他们引进了拖拉机，但是只在打谷场用，不能下田。他们也用冰箱，但是他们的冰箱是通用电气专门设计的，用沼气来带动，不与外面的高压线相连。因为他们拒绝和外界发生联系，一连上高压线，就对外界有依赖了。阿米什人也不用电话，有了电话跟外界也有了沟通。阿米什人的社区不建专门的教堂，是一家一家轮着做礼拜，比如某家稍微有点钱，有很大的房子，大家就在那家祈祷和礼拜，然后再轮着这样来。阿米什人坚持用方言版的《圣经》，祈祷和读《圣经》都是用德语方言。阿米什人的语言能力非常强，生活在美国社会，基本上也都会说英语，但是他们日常说话大多数用德语。

阿米什人逆来顺受，你来打我、杀我，我也不复仇。所以阿米什人不当兵、不打仗。"二战"期间美国人跟德国人打仗，这帮人拒绝当兵，所以美国政府怀疑他们心恋德国。拒服兵役，是要坐牢的。阿米什人也不请律师，要抓就抓。有一些公益律师实在看不过去了，就来帮阿米什人打官司。

后来美国政府做出妥协——你虽然不到战场上去跟德国人面对面地作

战，但是你得为战争服务。美国政府就让他们在一些军工厂或者服务机构做相关工作，阿米什人也妥协了，就接受了这些工作。

阿米什人拒绝接受美国公立学校的教育，他们的孩子不去上学，但是按照美国的教育法，孩子到了年龄不去上学，家长是有罪的，警察就会把家长抓起来。这样，在很多地方，由于儿童教育问题，阿米什人与地方政府发生了冲突。其中有一起官司打到了联邦最高法院，当然，阿米什人的律师也是外来的公益律师。这起官司阿米什人获胜。大法官沃伦写了很长的判词，支持阿米什人。他说，关于什么是教育，阿米什人与我们有不同的理解。

阿米什人认为，我们的孩子在自己的学校里上学就行了，不需要去你们的学校，你们的学校把我们的孩子教坏了，因为你们的学校鼓励竞争，鼓励出人头地，我们阿米什人的主流价值不是竞争，而是友好、合作、友爱，我们不学你们那一套。

从此，阿米什人的孩子可以不去公立学校读书，可以不接受工业文明的教育，还是按照他们自己最传统的方式教育孩子。

孩子在18岁的时候可以做出选择，要想过现代化的"好生活"，就离开村子，到外面去。要不然就留在村里，过传统的生活。但是你不要试图"改变家乡落后的面貌"，在自己的村子里过现代化生活。所以在阿米什人的社区里，没有电视和电话；你如果要外出，可以搭车，但不能把一辆汽车放家里或社区里，私人不能拥有汽车。阿米什人的传统是用马车，那种16、17世纪有篷的马车。阿米什人的装束也是统一的，不论男女都是那样两三套。到了阿米什地区，就像在电影里，穿越了一样，看到了中世纪。男的留胡子，戴宽檐帽，基本上穿黑袍；女子戴小白帽，有简单的蕾丝边，穿着蓝色、白色的袍子，简单的几种，没有其他修饰，女子不戴首饰，生活极为简朴。

国内最早介绍阿米什人的有著名作家林达，林达或者丁林是一对夫妇的笔名，他们系统地向中国人介绍了美国社会，三联书店出过他们的一系列著作,著名的有《总统是靠不住的》等。第二位介绍阿米什人的是刘华杰。还有一位庞旸,但是她的文章我没有读过。在刘华杰的推动下,国内最近逐渐有了介绍阿米什人的专著出版。

阿米什人的生存方式是我们反思现代化的一个重要案例。在我看来,这是在全球范围内唯一主动地拒绝现代化并且成功了的案例。如果阿米什人想和现代化接轨,是特别容易的,因为他们就生活在高速公路和高压线的旁边。就是这伙人,成了宾州大选的屋脊。当然,另一个意外是美国华裔的特朗普支持者,他们提供的许多大客车是另一个屋脊。不过,后来又有网站辟谣说大客车不是华人干的,而是特朗普的团队做的。互联网时代,各种传闻都很容易流通。反过来,要查实传闻,也相对容易。诸位可以自己试试。

中国古语云,"欲灭其国,先亡其史"。反过来说,"若守其国,必存其史"。

阿米什人能够存在并且延续,从外部说,他们住在多元化的美国,能够被主流社会所容忍,所接受,同时,美国处于全球化和现代化的上游,也不用担心美国之外的力量强行改变他们。从内部说,则是阿米什人坚守了自己的话语权,用自己的标准解释自己的文明,用自己的历史教育自己的下一代。使得下一代依然能够保有对阿米什人的身份认同,以作为一个阿米什人而自豪。否则,如果阿米什人接受了美国公立学校的教育,几代人过后,阿米什人的文化就会成为博物馆中的展品。

7. 博物学编史纲领:一种新的价值观

2000年前后,刘华杰开始呼吁博物学。他自己是博物学的实践者,能够做一阶的博物学工作,他写了好多部可以视为植物学的著作。同时,他喜欢进行二阶研究。虽然他本人在科学哲学、科学社会学、科学传播等很多方面都有建树,但是他的博士生全部投入了博物学史的研究中。

按照吴国盛的说法，自古希腊以来，科学有两大传统，一个是数理科学传统，一个是博物学传统。

数理科学传统当然是以数学、物理为代表的那些科学，它的基本特征是有一套精准的公理化系统。牛顿物理学是数理科学的典范。给出基本概念，三个基本定律，按照演绎法，加上边界条件，就可以推演出整个理论大厦。这完全是亚里士多德的逻辑三段论在物理世界的体现。这种理论体系符合人们对绝对正确的知识的想象。所以牛顿定律被认为是自然规律本身，反映了自然的本质。牛顿物理学成为整个自然科学的模本，而牛顿物理学自己的模板是欧氏几何。数理科学表达为数学方程，所使用的数学越来越复杂。

近代以来，数理科学迅速扩张，覆盖到所有的自然科学领域，我们常说的六大自然科学门类，数理化天地生，前四项都属于数理科学。地质-地理和生物，原本是博物学，不过，也都越来越数理化，被数理科学所覆盖，所替换。生物学进入到分子生物学之后，已经完全变成数理科学了。

博物学则是人类最古老的对自然的认知。人要生存，就必须了解身边的世界，对身边的世界进行观察、命名、分类、归纳，要用自己的经验与之打交道。但是，近代以来，博物学则越来越萎缩。这其中有两个原因：

其一，人们相信数理科学更加深刻，揭示了自然的本质。博物学的生物学变成了数理科学的分子生物学，被认为更深刻、更本质。当然，博物学就被认为是肤浅的、表面化的。甚至认为博物学只是为数理科学做准备的，是前科学。如果我们举办一个公共活动，说请一位科学家，人们心中默认的一定是一位从事高精尖科技的人士，如果请来的是一位花鸟专家，大家可能会觉得有些失落。

其二，相对于数理科学而言，博物学没有用。

博物学没有用，就跟历史一样。不过，刘华杰最近几年传播博物学的时候，偏偏以博物学的无用作为诉求点，他说：博物学是那种无用而美好的事物。

无用而美，赋予了博物学超越于用的价值尺度。

刘华杰还提出了博物学编史学纲领。[1]相比之下，以前的可以称为数理科学纲领。现在的科学史都是以数理科学为主线的。数理科学家在历史中被浓墨重彩地表现，而博物学家则越来越少，篇幅越来越短。很多大博物学家在现在的科学史中，连名字都已经消失了。

随便把一本书拿来，翻一下目录，各方面内容会有一个比例：可能用整个儿一章写牛顿，因为他太牛了；麦克斯韦不能占一章，但是至少占一节；爱因斯坦也是大牛，大概要一章；达尔文呢，大概不会有一章，可能只有一两节；拉马克更不用说了，只能在说达尔文的时候提一下；林奈这些人可能加起来一节。在这种科学史书中体现的价值观就是，数理科学更重要！数理科学才是纯正的科学。

按照博物学编史纲领，基本上还是原来那些原始材料，但是选择史料的想法变了。成书的时候，可能达尔文一章，林奈一章，牛顿一节，麦克斯韦一小节，爱因斯坦一节，蕾切尔·卡逊（Rachel Carson，1907—1964）一章。[2]这两个科学史，如果只看索引，里面提到的人物差不太多，可是内容大相径庭。

历史的价值观，有时是不动声色地体现出来的。日月神教教主任我行说，江湖上有三个半他佩服的人，也有三个半不佩服的人。他曾对某个声音洪亮的人说，就算你再练上多少年，也未必能让我不佩服一下。以任我行的功夫，能被他不佩服一下，也是江湖人士的荣誉。

对于某个人、某件事，并不只是在书中进行负面评价才是否定。不提，不说，让你在历史中消失，是更大的否定。

所以，博物学史不仅仅是挖掘出某些在历史中消失的人和事，同样是传达某种价值观。价值的赋予有来自内部的，有来自外部的。而这两者有

---

[1] 刘华杰，《博物学文化与编史》，上海交通大学出版社，2015年。
[2] 这个方案据说是刘兵教授构想的。

时难以划分。

在我看来，数理科学和机械自然观是相互建构的，它们是与工业文明相匹配的。几百年的工业文明，科学，尤其是数理科学，改变了我们看待世界的方式，还通过技术改变了物质世界本身。其中一大后果是，全球性的环境危机和生态危机。

要建设生态文明，则需要新的解释世界的方案，需要新的自然观，这就需要生态学，需要博物学。

2017年前，刘华杰又提出了博物学的平行说[1]，不把博物学作为与数理科学并列的两大科学传统之一，而是把博物学升格到与科学相同的地位，认为博物学与科学是平行的。两者没有相互从属的关系，但是可能会有关系。就像文学与科学，它们是平行的，但是可能会有关系。

这个说法很有启发性。

我们已经讨论了历史的本来面目、历史的规律、历史的细节、历史的功能，这几点可能是我们通常的历史书里不怎么提的。我们往往把这些东西当作默认的东西接受了，在这个基础上往前走；或者，有时候很多写历史的人自己也没有搞清楚这些事情。

我觉得这几点是比较有意思的、比较重要的，跟大家讨论一下。当然，我所讲的只不过是我的一家之言，是我对历史的理解，不代表正确的知识；但是如果大家全都信了，那就变成共同信仰了，就是我们的知识了。

---

[1] 刘华杰，《论博物学的复兴与未来生态文明》，《人民论坛·学术前沿》2017年第5期。

第五讲 | 历史作为依据

> 过去为我们提供了一个丰富的数据库,供我们学习借鉴,助我们长盛不衰。
>
> ——贾雷德·戴蒙德(Jared Diamond),《崩溃:社会如何选择成败兴亡》,上海译文出版社,2008年,第2页

1. 从长时段尺度看

2002年前后,我在中央电视台科教频道"视觉"栏目做策划的时候,介绍过一部关于非洲草原和森林的纪录片。影片不动声色地颠覆了我以往的某些观念。比如,关于森林的燃烧。在说到这件事的时候,我一时没有合适的词语。因为我们习惯的说法,比如森林失火或者森林火灾,都隐含着价值判断:这个火是不好的。所谓"失"火,一定是个意外,所以会成"灾"。而且,既然是失火,就应该灭火。的确,我们经常看到新闻中,森林消防的各种灭火事迹和事故。

我忽然意识到,我此后不久开始推崇的先知奥尔多·利奥波德(Aldo Leopold,1887—1948),就是在前往帮助邻居扑灭山火的路上,心脏病发作去世的。无论是人类中心地把林木作为资源,还是非人类中心地把森林作为生态系统,森林失火总是不好的。

不过在那部影片中，森林自燃被赋予了生态功能。树木也有寿命，不能无限生长下去。森林会逐渐老去，枯叶、枯枝越来越多，骄阳之下，温度升高，就会发生自燃。在漫长的自然的历史中，这些自燃都不曾遭到人的干预，它们大多发生在人类的历史之前，发生在人类的认知之外，自生自灭。一片森林过火之后，高大的树木被烧掉，原本矮小的草木见到了阳光，获得了生长的机会，于是，一些树木取代了原来的树木，森林重新茂盛起来。在那部分草木看来，这场火不是灾，而是它们生存的契机，是一场及时火。

片中还介绍了一个让我震撼的现象。某些种子，能够在土壤中潜伏几十年乃至上百年，等待一场林火，再等待一场大雨，发芽，破土，迅速生长，迅速高出竞争者，争得阳光，进而占领这片土地。

在人类的足迹到达之前，那些地方发生过多次"森林 - 灌木 - 草原 - 森林"的轮回。而山火，是其中的一个重要动因。

当时我请董光璧先生作为评论专家。董先生有一句话点醒了我。他说，从长时段的角度去看问题。

从长时段的角度看，看得远，是为远见。

2000年我在云南做田野调查的时候，认识了生态学家尹绍亭教授，读到了他的一些著作。尹绍亭教授对云南很多民族的"刀耕火种"进行了系统的研究。"刀耕火种"，这也是我经常用来讨论"缺省配置"的话题。

在我们的"缺省配置"中，刀耕火种代表着原始、落后，生产力低下，而且，一定是破坏生态的。所以，在2005年"怒江争坝"的时候，挺坝一方就常常说，怒江两岸很多民族都处在"刀耕火种"的原始状态，仿佛一下子就占领了某种制高点：这样的生存方式不值得保留，被淹了也不可惜。实际上，绝大多数人在使用"刀耕火种"这个词的时候，在把这个词与原始落后、破坏生态联系起来的时候，并不知道刀怎样耕，火怎样种。也就是说，大多数人是对一种自己不了解的东西在下断言，他们只不过是延续着"缺省配置"的流俗之见。

尹绍亭教授的结论是，"刀耕火种"是一种系统的、复杂的农业形态，效率高，省劳力，相比于灌溉农业，更加生态友好。

这里，就用上长时段的角度了。

如果"刀耕火种"真的会破坏环境，从长时段考察，"刀耕火种"的民族所生活过的地区，应该是满目疮痍、一片狼藉才对。然而，恰恰相反，这些民族所生活的区域都是郁郁葱葱的大山。正所谓"一面刀耕火种，一面青山常绿"。[1]

人类学家看到的，与我们的直觉并不相同。中国古语说"福兮祸所伏，祸兮福所倚"，"塞翁失马，焉知非福"。同一件事，从不同的时间尺度考量，结论就会不一样。因为不同的时间尺度，所经历的历史不同。

这一讲，我们讨论"历史的依据"。

我先退一步，讲这个概念自身的历史，同时讲一点儿方法论，拓展一下第一讲中的话题。

2. 叶子与树同时生长：概念与理论

"历史依据"这个词不完全是我的发明，一个概念不是从天上掉下来的。以前我们会有这样一种观念，你要考虑一件事情，你得先把这个概念做一个准确的定义，然后才能讨论；这个概念界定得不准确，我们就没办法进行讨论。可是实际上，当你真正深入研究之后就会发现，概念不是单个儿蹦出来的，一定是在某个语境下，在某个理论背景之下，这个概念才会有明确的定义。或者说，概念是相互定义的，比如欧氏几何中的"点""线""面"这些概念，它们不是一个一个出现的，而是一起出现的，这些概念一定要相互定义。

---

[1] 田松，《刀耕火种的生存智慧》，《中华读书报》2005年6月22日。收入作者《稻香园笔记》，上海科学技术出版社，2016年，第127页。

托马斯·库恩（Thomas Kuhn，1922—1996）的《科学革命的结构》让两个概念流行起来，一个是"科学共同体"，一个是"范式"。这两个概念当然以前就有了，不过在库恩这里，这两个概念是相互定义的。如果单说"科学共同体"，就是科学家这伙人，无非是给科学家这伙人换一个名字而已，其实没有定义，只是个概念游戏。只有用"范式"和"科学共同体"这两个概念相互定义，整个理论才架构起来了。什么是"科学共同体"，就是遵守同一个"范式"的一伙人；什么是"范式"，就是同一个"科学共同体"共同遵守的东西。

这种相互定义，按照我们习惯的说法，会引起怀疑：这不是循环定义吗？而循环定义，一向是被鄙视的，是需要我们警惕的。

但是，一个新的理论，它的基本概念必然是相互定义、循环定义的。我们可以这样理解。如果一个理论具有充分的创见，必然有属于自己的新的概念体系，那就至少有两个新的概念相互支撑。论证如下：如果这个体系中只有一个新概念，这个新概念必然要由以往的概念所定义，那么，这个理论就不可能具有属于自己的新的概念体系，那么，它顶多是对原有理论的补充，而不可能是对原理论的颠覆，也就不具备足够的创见。

循环定义和相互定义，所说的几乎是一回事儿。但是，代表不同的价值。这两个词，当然也是在不同的语境下使用的。

惠勒也说，一个新的理论连同其概念是完完整整地同时出现的，而不是一个一个冒出来的。一个新的概念体系所支撑的新理论，与原来的理论相比，就是一种范式转换。如同我们在上一节所说的，同一个细节，在不同的范式之下，具有不同的意义，当然也具有不同的重要性。

一个问题，在不同的范式下，会获得不同的回答。比如，我问："人为什么要喝牛奶？"我提出这个问题，通常是在一个既定的营养学的框架下。而回答，也必然是基于营养学的回答，牛奶的营养成分之类的。而一旦我问："人这种动物为什么要喝牛那种动物的奶？"这就是一个新的问题，它已经突破了营养学的框架。或者反过来说，在原来的营养学的框架

《科学革命的结构》，李宝恒、纪树立译本，上海科学技术出版社1980年版封面。纪树立先生是科学哲学的前辈，在20世纪80年代翻译了很多重要著作，如斯诺的《两种文化》，在当时是极为珍贵的学术资源

《科学革命的结构》，金吾伦、胡新和译本，北京大学出版社2003年版封面。金吾伦先生是我的博士导师，以《生成哲学》传世，已经于2018年1月离世。胡新和也是我的老师，2013年5月英年早逝

《科学革命的结构》，程树德、傅大为、王道还译本，台北远流出版社2017年50周年纪念版封面。远流初版于1989年，二版于1994年，三版于2007年，这三版均有第四位译者钱永祥。此外，各版署名次序略有不同

下，我提不出这样的问题。而一旦我提出了这样的问题的时候，就已经突破了营养学的框架。而答案，当然也是在营养学框架下所无法给出的。有一种常见的说法，问题本身比答案更加重要。那是因为，答案已经预先被问题框定了界限。

在我的理论框架中，"历史依据""经验依据""科学依据"是相互参照、相互依存的，这三个概念是同时被提出来的。当然，你可以说"科学依据"是以前就有的概念，但是，以前这个概念是在另外的理论框架中分别界定的，甚至可能未被界定，它是依附于"科学"这个概念而存在的。而在我这里，这三个概念是相互关联的。

我们可以做一个"历史依据"的研究谱系，看看还有哪些人提出过类似的依据，把它们排列起来，寻找其共性。但从实际的发生史来看，我的"历史依据"与他们的"同名"依据没有关系，他们不是我的思想资源。

司马光主张以史为鉴，以过去为镜子，从过去找依据。但是我提出"历史依据"不是因为我研究司马光，读了《资治通鉴》，受他启发，提出一个词叫作"历史依据"，这虽然是逻辑上可能发生的一条思想史的线路，但实际情况并不是这样的。

我的"历史依据"，与《资治通鉴》没有直接关系，有直接关系的是"科学依据"。考察一个概念的由来，这就是所谓的思想史，大家也可以感受一下。实际操作一下"思想史"也是特别有意思的一件事。

我们现在写作会有这样一个问题，我们基于本体论上的实在论，还有机械论和还原论，相信世界有一个本来面目，历史有一个本来面目，对于世界或历史我们可以一样一样地弄清楚。比如一栋楼，我可以把它拆了，拆成一块一块的砖，这栋楼就是由这一块一块砖构成的，而且每块都可以弄清楚。我可以把砖一块块拆下来，搬到另外一个地方，用同样的砖盖出另外一种形状的楼。每块砖都是结实的，新的楼也是结实的。但是，如果是这样的话，同样的史实，岂不是可以讲出不同的故事，并且每种故事都结实？而如果每个故事都结实，又有哪一个是本来面目呢？

我们总觉得知识是一种确定的东西，我掌握了一个具有确定性的知识，它可以放之四海而皆准。我掌握了一个概念，这个概念也可以放之四海而皆准。但是，如果我们认真去思考的话，比如"理念"这个词，从古希腊一路下来，实际上每个人的用法是不一样的，柏拉图是一种用法，黑格尔是一种用法。同样这个词，每个都镶嵌在各自的理论整体里面，而不可以拆分出来。

我跟吴国盛老师有过一次争论，他对我的理论进行了批判，最后我对他的批判的评论是这样写的，我说他把我的每个概念、每个词，都从我的理论中拆出来，放到另外一个语境下使用，在那个语境下进行批判，这实际上对我不构成批判，不构成冲击。因为你要批判我的理论，你得进入我的语境。我盖了一栋房子，你说我的房子不结实，你把我房子里的一块砖拿出来了，放到另外一栋房子里去，然后你说这块砖不好，你可能说得是对的,但这不能证明我的房子是不结实的。即使你把我的每块砖都以这样的方式证明它不好,我的房子还是结实的。

在这个意义上,我说的"历史依据",是一个新的概念。

一个概念的定义要能够做到两点:第一,它要能够指称所要命名的那件事,有描述力;第二,它要能够把此物与彼物分开,有分辨力。比如"科学"这个概念,什么是科学?比如我们说,"科学是一种系统的知识"。这个定义能够指称科学。但是,按照这个定义,神学也是科学,因为神学也是系统的知识。这个定义就不能把科学和神学分开。当然,我们可以继续深入。比如"科学是关于自然界的内在规律的一种系统的知识",这个定义之中已经隐含着某种理论和观念:相信自然界存在一个内在规律,这个规律能够被人认识到,它就是科学。从这个例子也可以看到,一个概念的后面,会有一个理论。进而,同一个概念,在不同的理论中,会有不同的解释——既有延续,又有差异。

"系统的知识",这个短语主要是描述性的,不过,"系统的"相对于"零散的",也存在价值判断的意味。"内在规律",从一个理论看是描述性的,从另一个理论看,就完全是价值性的。凭什么你那个是内在的,我这个就不是?你可以说,物理学中的定律是自然界中的内在规律。他也可以说,阴阳五行是自然界的内在规律。那么,这样一种科学的定义,就无法把我们通常所理解的以物理学为标志的科学与阴阳五行学说区分开。

在中国古代有没有科学这个问题上,存在着很多争议。吴国盛教授指出,这不是一个历史问题,而是一个哲学问题。取决于怎么定义科学。如果科学的概念取得宽一点,则中国古代有科学,阴阳五行、中医都是科学。而如果窄一点,则中国古代没有科学,除了古希腊,任何一种古代文明都没有科学。记得有一年我与江晓原、刘兵、吴国盛、刘华杰、钮卫星等人讨论这个问题的时候,有人把一方称为宽面条派,另一方称为窄面条派。我属于极窄面条派,主张用最狭义的方式定义"科学",所以我坚定地反对说中国古代有科学。其中一个理由是,如果按照宽面条派的理解,"科学"就等于"知识体系","科学"这个词就不能把物理学、化学与阴阳五行、占星术分开。一个词不具有把此物与彼物分开的功能,这个词就没有意义了。而如何分开呢?一定要有另外一个或者几个概念互相参照。所以,一个全新的理论,至少要有两个全新的概念。

多年以前,没有智能手机的时候,我无论去哪儿,都习惯带一幅地图。地图可以帮助我确认我的空间位置,以及我与某地的相对位置。当时我有一位朋友住在东高地。我首先要在北京地图上找到"东高地",然后再根据地图,决定合适的出行方式。但是,我当时手里的一幅地图让我感到困惑,因为"东高地"这个地名孤零零的。按照我的直觉,"东"是和"西"对应的,"高"是与"低"对应的。有一个"东高地",就应该有个"西高地",或者"西洼地"。所以我怀疑,这张地图可能不够大,不够全。或者,在历史上曾经存在一个"西高地"或者"西洼地",但是那个地方改名了。后来,这个困惑终于被解决了,因为我找到了另外一幅地图,在那幅地图里,我找到了"西洼地",就在东高地的西边。

再比如,很多城市都有"南湖",这个"南湖"也一定和一个"北什么"对应。为什么叫它南湖?因为它在城市的南边。如果整个城市有两个湖,就会是一个南湖、一个北湖。也有可能,对应的是"北山"。一个概念是和其他的概念对应的,它不是孤零零出现的;一个孤零零出现的概念只是一个名词,没有与它对应的概念,它就立不起来。通常,我们在使用一个概念的时候,总是把它镶嵌到某个我们本来就熟悉的认知框架里。一个孤零零的概念冒出来,我们一定会用我们已经具备的认知框架、理论框架去解读它,把它拿来镶嵌到某一个地方。而在这个时候,你一定没有感受到那个词原本的语境。

从事人文学术达到一定境界之后,对文字的感觉就会变得非常敏锐。很多文章没法看,读不下去,是因为它里边的概念是东拆一块砖、西拆一块砖硬搬过来的,概念之间没有经过磨合,甚至根本没办法磨合。比如一座钟表,它的齿轮、杠杆、轴承,是同时设计出来的,尺寸、位置,都要精准；在安装之后，各个零件才可能相互磨合，才能协调运行。我们很难想象，从一大堆不同的钟表里面，这家拿一个零件，那家拿一个零件，拼出来一个钟表，还能够运行。越是精准的设备，零件之间的可替代性越差。拼凑的钟表只能是一个摆设。人文学术中的主要概念都具有历史延续性，同时，也在逐渐演化着，相互磨合着。

当然你可以用别人的概念，但一定要在你自己的语境下把它重新锻造过、改造过。一个概念没有经过改造就往文章里放，这是我们现在学术训练的一个常见问题。我们太习惯从文本到文本了，缺乏对基本概念的具体的、深入的了解，也缺乏对这些概念的打磨。这些概念的打磨，可以用另一个词——驯化。当你驯化了一个概念，就意味着你可以轻松自如地使用这个概念了。

如何能够驯化一个概念呢？你需要花一段时间，关注这个概念，用不同的方式使用这个概念，体会它在不同语境下的细微差异，体会它的应用范围和边界。这很像是一位收藏家在把玩一件藏品。

"把玩"，意思是"拿在手上反复地去掂量、注视、琢磨、体会……"，做哲学的人把玩的对象是概念。陈嘉映曾经把玩"假装"这个词，写了一大篇文章。[1] 他说：什么叫"假装"——我"假装"喜欢你，实际上是不喜欢你，只是假装喜欢你。我"假装"喝咖啡，那我实际上喝没喝咖啡？我"假装"擦玻璃，那我是擦玻璃还是没擦玻璃呢？

我们从事人文学术的，尤其是做哲学的人，对基本的概念一定要有过"把玩"的阶段。把玩概念，这就是思想本身。"思想"是一个动词，"我"是这个动词的主语。哲学就是要我们自己去思想。各种概念经过你个人的把玩之后，就不是天上飘的东西，不是空的东西了，它就被你驯化了，就变成你的了。

做历史，也得让历史的每个细节在你的脑子里重演一遍，你头脑中的

---

[1] 陈嘉映，《我们怎么假装》，收入叶朗主编《文章选读》，华文出版社，2012年。

历史的来龙去脉要能够说圆了，要合乎当时的常情常理。比如，现在人们做什么事都不需要去德尔菲神庙了，你要讲清楚为什么当时的人们需要去德尔菲神庙，为什么德尔菲神庙的神谕在当时就有那么大的作用。历史学家一定要把这些事说明白。

我特别强调要举例子。对于某一个抽象的理论，如果你能够举出一个例子来，就意味着书本上抽象的理论和你个人的生命体验、社会现实建立起关联了。这个理论就从天上落到地上了。如果你拿不出一个例子来，全都是些抽象的话，那你的学习就只是一个从概念到概念的过程，它是空的、不结实的，你自己也心虚，经不起追问，一旦追问你就垮了。只有当你在解释抽象的东西时有一个例子，这个东西才会变得具体、结实。

所以，我也喜欢案例研究。在很多时候，我们首先要面对一个现象，尤其是一个让我们困惑的现象，然后，援引各种理论去解释这个现象，如我们发现现有理论的解释不够妥帖，或者现象与理念相悖，那么，就可以调整这个理论，进而建构一个全新的理论。

案例是结结实实的，是一个我们可以通过个人经验把握的东西。人这种动物为什么要喝牛这种动物的奶？这是一个我们的经验世界里的问题。我们也能够凭着我们的个体经验，或凭着社会现实事件对理论进行检验、核实、验证。这个过程很像波普尔所说的"猜想和反驳"，提出一个假说，假说给出一个猜想，猜想可以被进一步地检验，证是或者证否。

我的很多理论是在辩论中展开的，是在与人"拍砖"的时候慢慢建构起来的。我多次说过这件事。作为中医粉，我很快就遇到了一个中医黑特别喜欢问的问题："中医，它有科学依据吗？"

我在前面跟大家讲过这件事情。我说，有两种思维方式，往前走或往后走，即跳高或潜水。大家记得吧？我们做哲学的人要学会往后走，不去接招，不去直接回答他中医有多少科学依据，而是要追问他，什么叫科学依据？中医为什么要有科学依据？

3. 依据，解释；合理性，说服力

我们现在接着说"依据"。科学依据中的"依据"是什么意思？是 evidence 还是 proof，或是别的什么东西？依据是做什么用的？为什么一个东西有了科学依据，它就有话语权、有价值了；而这个东西没有科学依据，就不应该被人相信呢？

为什么科学依据可以用来说服别人？因为在所有工业文明的社会中，科学主义的意识形态都是普遍的。人们相信科学，热爱科学，科学已经具有了天然的合理性。把一个东西归结到科学之上，这个东西也就获得了这个合理性。

现在把"科学"去掉，问一个这样的问题：为什么我们要有一个"依据"？科学是历史的，是有一个起点的。那么，在科学诞生之前，如果我们想要去说服别人，想要证明某个东西的合理性，我们应该用什么样的依据呢？

注意"合理性"这个概念。我们试图对"依据"进行阐释的时候，不由自主地提到"合理性"。这或许意味着，"依据"与"合理性"是一对相互解释的概念。什么是"依据"，是能够赋予"合理性"的东西；什么东西具有"合理性"，是有"依据"的东西。

会与"合理性"同时提到的，还有一个"说服"。对于"说服"这个概念，我们也可以做类似的分析。"说服"还可以加个后缀，"说服力"，它们与"合理性"和"依据"也具有类似的相互解释的关系。

那么，下面我们继续追问，什么样的东西具有合理性，具有说服力，可以作为依据呢？

如果说，"合理性"和"依据"还可以做本质主义的理解，容易让人觉得存在一个绝对的、超越性的"合理性"和"依据"；那么，"说服"，则必然导致对本质主义的消解。"说服"一定是有对象的。你要说服谁？

这又涉及另一个相关的概念"解释"。"解释"和"说服"也有相互支

撑的关系。我曾经专门对"解释"进行了讨论：要解释什么，谁来解释，解释给谁，以及，为什么需要解释？

在量子力学世界中，有一个现象叫"隧道效应"：一个粒子存在一个概率，可以穿越势垒。这个描述很玄奥，可以用我们容易理解的方式来比方——注意，我现在已经开始解释"隧道效应"了。这就好比，一个封闭的瓶子中，装着一些豆子，在我们宏观的世界中，不打开盖子，豆子是出不来的，无论怎么晃，都出不来。但是，在量子世界中，豆子有一个概率，能够突然出现在瓶子外面，仿佛从瓶壁上挖了一条隧道一样。

这事儿让很多人感到困惑，需要解释。所谓通则不痛，痛则不通。有困惑才需要解释，没有困惑则不需要解释。解除了困惑的解释才是有效的解释，有说服力的解释；不能解除困惑的解释，是无效的解释，没有说服力的解释，就不是解释。那么，都是哪些人感到了困惑呢？是哪些人需要解释呢？

如果你把"隧道效应"讲给崂山道士，他就不会困惑，所以他也不需要别的解释，因为他自己已经有一个解释：世界原本如此。他会说：我们修炼的就是这个。当我们修炼到一定的程度，就会这样。

所以我对"解释"重新下了一个定义：

> 所谓解释，就是讲一个故事，讲一个你的听众能够听懂，并且愿意接受的故事。[1]

所以，不存在一个绝对的、超越的解释，一个解释，一定是有语境的。说服也是这样，合理性也是这样，依据也是这样。它们都是历史性的，都与听众有关。

---

[1] 田松，《为什么量子力学会引起我们的困惑》，《自然辩证法通讯》2010年第5期。

4. 作为依据的神谕

在雅典城外有一座神庙，叫德尔菲神庙。大家都知道德尔菲神庙上那句著名的铭文"认识你自己"。不过，德尔菲神庙的重大功能是占卜。当雅典人民有重大的活动，尤其是涉及军事的活动，一定要到德尔菲神庙去求取神谕——神的指示。如果神谕说这场仗可以打，他们就"哐哐哐"地去战场了。如果神说不能打，那就算了，仇也不报了。

神谕是什么东西呢？它为雅典人做一件事情提供了一个依据，赋予了合理性。有了神的谕示，这件事就能做得踏实，做得理直气壮，做得心安理得，就有了必胜的信念，我就应该这样做。

神谕使希腊人的行为与某种绝对的、超越性的东西联系起来。

在古希腊，科学尚处于萌芽时期，你要说服别人做一件事儿，说这事

德尔菲神庙的残垣断壁（田松摄于2013年8月9日），前景是一件T恤，后背文字为"过客"，正面文字"靠谱"似乎喻示着德尔菲神庙的功能

儿有科学依据，对方基本上听不懂。但如果说已经获得了神谕，立即就产生了足够的说服力。

神谕如何获得呢？通过祭祀。祭祀由祭司主持。祭司在传统社会中的角色就是人神之媒，人们相信祭司有这个能力，也相信祭司传达的就是神谕。

在各个传统民族的历史中，神话都曾被视为"依据"。先民不认为神话是虚构的、想象的，而认为神话就是历史，就是这个民族的历史。同时，神话也是哲学，解释人与万物的关系。最后，神话还是律法。人的行为的合理性，要从神话中获得依据。"摩西十诫"是神谕，就是律法。在西方长期的基督教传统中，世俗社会人们某种行为的合理性，是要从《圣经》中获得的。不久前看一位学者讲述西方法律精神与实践，把相当一部分追溯到《圣经》。

所有民族都有过那样的历史，神谕、神话被认为是绝对正确的，具有天然的毋庸置疑的合理性。对于那些民族，在历史上的那些时刻，他们都不需要科学依据，他们需要神话依据。人们说服人，要用神谕，要用神话。而今天，在工业社会中，在受过义务教育的人中，科学是绝对正确的，具有天然的合理性。所以，才会出现这样的问题：中医有科学依据吗？所以我才需要反问：中医为什么要有科学依据？

5. 明天太阳是否依然升起：确定性的心理安慰

我们为什么需要依据？因为我们需要确定性，我们需要绝对的确定性。我经常向大家推荐赖欣巴哈（Hans Reichenbach，1891—1953）的书，赖欣巴哈说过，我们需要确定性，确定性的寻求是逻辑之外的心理动机。[1]

确定性不是逻辑推出来的，我们需要确定性是因为我们需要安全感，

---

[1] 赖欣巴哈，《科学哲学的兴起》，商务印书馆，1951年。

这种安全感，不完全是理性推演所能给予的，所以是一种逻辑外的心理动机。

通常我们需要在两个方面获得决定性，可以分别用一句歌词来表达：（1）明天太阳是否依然升起？（2）明天你是否依然爱我？前者关乎自然界，后者关于人与人之间的关系。与之对应，我们希望获得一种关于世界的绝对正确的解释方案，人在社会中的绝对正确的行为准则。解释方案和行为准则，常常是合二为一的。而哪些东西能够具有天然的合理性？当我们这样问的时候，要寻求的是一个本质主义的回答。我们可以换一种提问方式：哪些东西被认为具有天然的合理性？被认为是绝对正确的？这就会得到一个语境主义的回答，一个需要时间、地点、人物、场合的回答。被"谁"认为，在"哪儿"，在"何时"，针对"何事"被认为是绝对正确的。

这两件事情的确定性对我们的生活很重要，有了这两件事情的确定性，我们就有安全感了。实际上，在我们面临选择的时候，我们需要依据，也就是要获得确定性，尤其对于超越我们个体认知能力和理解能力的事情，我们更需要外界赋予的确定性。比如开车，老司机开车的时候自己心里就踏实，他觉得他的方法是最正确的，假如旁边有一个人要教他开车，那他就会气死，因为他不需要别人教，他心里很踏实。但如果是一个刚上路的新司机，他自己就不那么踏实，他需要外界赋予的确定性，如果他身边坐着一位老司机，他也就踏实了。

老司机不需要来自外界的确定性，新司机需要。老司机指导新司机，新司机如果反问为什么，老司机需要给一个解释。比如，老司机可以说，我的教练就这么教的，这是寻求另一个权威；或者说，我也不知道为什么，不过我一直都这么做，就管用，这是老司机个体的经验；或者说，大家都是这么做的，这时个体经验变成了一定程度的集体经验；又或者说，我从小开车，我爸爸就是这样教的，这时，这个经验具有了一定的历史性；当然，他还可以说，根据什么什么力学原理、汽车构造，这就是科学依据了。哪一个解释更具有说服力，取决于新司机对世界的认知方式，以及新司机对老司机的信任程度。

我们是要从依据上获得确定性，获得心理上的安慰，获得安全感。以前我们是通过神谕获得的，因为我们相信神谕。在西方，上帝死了之后，科学取代了神，获得了前所未有的社会地位，人们相信科学具有绝对的确定性。科学不仅仅是一个知识体系，而且被认为是绝对正确的知识体系。所以我们就转而向科学寻找依据，科学依据就具有了绝对的话语地位。

但是，我们按照科学哲学的历史脉络捋一下，到了第二代的波普尔，就已经不认为"科学"这个东西是百分之百正确的，而是认为，它是有可能犯错的，是将要被证伪的。一切科学都是假说，是有待证伪的理论。那么，我为什么要拿一个有可能犯错的东西作为依据呢？既然它有可能犯错，那它就不是一个绝对的依据。然后就会提出下面的问题：除了科学依据，我们还有没有别的依据，可以用来判断事物的合理性？如果别的依据和科学依据发生了冲突，是不是要以科学依据为准、为大？

于是，我提出了另外两个可以作为依据的东西：个体经验和历史，分别称作"经验依据"和"历史依据"。我把"历史依据"界定为"大量个体的经验依据在长时段的统计平均值"。这是我之"历史依据"的由来，它是与"科学依据"和"经验依据"相对而言的。并且，在权重上，我把"历史依据"排在最前面，"经验依据"次之，"科学依据"最后。

我们按照历史依据来看医学。中医的历史依据长，西医的历史依据短，我们在什么意义上会愿意接受、承认历史的这个依据？我们接受科学依据这件事情好像是不需要解释的，但是你要说历史可以成为依据的话，还需要解释！

历史依据会遇到两种常见的反驳。

第一个很哲学，就是所谓的休谟问题——你养了一只鸡，每天早晨你去给鸡喂食，每天早晨鸡一看到你来就会特别高兴，从这只鸡的角度归纳，你前天早晨来喂食，昨天早晨来喂食，每天早晨都来喂食，所以今天早晨过来也会喂食。可是忽然有一天，你没有喂食，你家里来客人了，你把鸡杀了。于是，归纳法失败了，历史上发生过的，未必会再发生。

第二个很匆忙，是一个反问：你说历史上有的就是好的，那么就是说妇女裹小脚是好的了？太监是好的了？抽大烟是好的了？由此来论证，历史上发生过的未必合理。

历史上发生过的未必会再发生，历史上发生过的未必合理，历史怎么能成为依据呢？

再说你的个人经验，就更不靠谱了。你个人只是个案、个例，我们一向是否定个例的。

这些反驳当然都是有道理的，然而，为什么我们说科学依据的时候，就不需要深入地解释呢？为什么科学依据就天然地可以成为依据呢？

课堂讨论片段Ⅷ

学生（古马尔）：我觉得科学也不能成为依据啊？

田老师：学过波普尔之后，你会觉得科学也不能完全成为依据，但就算是学过波普尔，人们还不是相信科学依据吗？比如我那篇抨击牛奶的文章，就有人跟我要否定牛奶的科学依据，甚至我们科学哲学的很多人也问我要科学依据，我说你不是开玩笑吗？你跟一个反科学分子要什么科学依据？我的文章说的就是科学依据不可靠，你还跟我要科学依据？为什么要缘木求鱼呢？所以，我就再往后退一步——什么叫解释？我们要解释一件事情，也就是讲依据，寻求合理性。为什么要有科学依据？我就给出一个解释，什么解释呢？因为科学这个东西特别好、特别牛，实验室的结果是可重复的，世界是有规律的，实验室得出的规律是经过多少代科学家反复验证的，等等。这些就构成了解释。为什么要有历史依据呢？我也要给出一个解释。

比如，有人经常会问我，你说转基因有害，这件事情已经得到证明了吗？我说，那要看在什么意义上得到证明了。对我来说，我自己的哲学已经充分地证明了转基因有害；而对方通常要的证明是科学的证明，但是对我来说，科学的证明是不必要的，我的哲学是高于科学的。为什么我就敢于认为我的哲学高于科学呢？我的底气从哪里来的？我还得再跟人家解释。比如，对于传统的、念"四书五经"长大的中国人，你给他诊脉，说他上火，所以应该吃什么什么，他一听就明白了，那番话已经足够解释他身体出了什么毛病，应该怎么应对了。可是，对于一个受了现代教育的中国人来说，你说他肝火旺什么的，他会觉得玄乎。你一定得跟他讲细菌、病毒这些东西，才能够解释他的身体问题。所以"解释"，是讲一个你的听众能够听懂，并且愿意接受的故事。

首先，你的听众得听懂，听不懂就不构成解释。其次，他得愿意接受。他听懂了却不愿意接受，这个解释也不成立，只有他听懂了，而且愿意接受了，你这个解释才成立。所以，一个绝对的解释是不存在的，任何一个解释一定和你的听众是有关的，不存在超越听众的解释。在某种意义上，我们的哲学理论也不是要超越听众，也不是一个放之四海而皆准的东西。一篇文章一定有预期的读者——你是要写给谁看的？比如，我给大家讲纳西族的"署"的自然观，纳西人的非人类中心主义的行为方式，我是在用一种老师对学生的讲法。我要是到纳西族的村子里去，给纳西族人讲这些内容，那我就得换另一种讲法，因为这些东西对人家来说已经是常识了。

再比如，讲祭祀的必要性，如果是在我们的语境下讲，祭祀对于传统社会为什么是必要的，我得讲好半天。如果我去给人类学系的高年级同学讲，应该也不需要费多少口舌。如果我跟一位达巴去讲，他会觉得奇怪，祭祀的必要性，这还用你说吗？在他们的文化语境里，按照仪式要求的做就是了，根本不需要解释。所以，解释跟你的听众的"缺省配置"是有关的。科学依据也是这样，我们不需要对"科学依据"本身解释太多，因为我们脑子里配好"科学依据"了，配上了科学主义的意识形态了，所以，一个东西需要有科学依据这件事不需要解释。可是，你要说一个东西要有历史依据，那就需要解释，而且你要说历史依据比科学依据更高、更重要，那你就需要更复杂的解释。

6. 经验依据与历史依据何以可能？

我们个体的经验可不可以作为依据？这个依据和科学依据发生冲突了怎么办？现在人们通常认为，经验是与个人相关的、易错的、多变的、有个人差异的，所以经验的依据是不可靠的，与科学依据无法相提并论。这种观念可以追溯到柏拉图。柏拉图就认为现实世界只是理念世界的一个摹本，理念是绝对的、不变的，而经验则是不可靠的。科学自认为是理性的代言者，所以科学依据就相当于理性的依据，比经验世界更为重要。不过，到了亚里士多德那里，理念和经验的权重关系则反过来了。在亚里士多德看来，理论需要建立在经验之上，获得经验的支持才能成立。我这里不想评论整个哲学史，姑且跳出来，换一个角度来说这件事。

一个人，一个生命，具有基本的感知、判断和行动的能力。如果这个能力不够充分，不够有效，这个物种在自然界中是难以存活的。所以生命本身赋予了人"正确地"对外部世界进行感知、做出判断，并进行反馈的能力。这是经验依据的生物学基础。比如，你可以说"我饿了"，这是你对自己做出的直接判断，不会有人问你"你说你饿了，你有科学依据吗"，你也不用回答"根据我现在的心跳、呼吸、脉搏、血糖等各种科学依据，我饿了"。你说你饿了，这事儿不需要科学依据，你的本能，你的经验，就可以做出准确的判断。

同样，我们对别人也能做出这样的判断。你看到一位朋友，你可能会说："你今天的脸色不大好，是不是身体不舒服啊。"这是我们的基本能力。中医四诊"望闻问切"，第一诊法就是察言观色，看对方的脸色判断对方的身体情况。

对自己做出判断，对别人做出判断，对周边的环境做出判断，这些都是一个生物最基本的生存本能。这些能力在我们每个人的成长过程中，会得以累积，得以提高。这些能力不仅是我们生存的前提和基础，甚至就是我们的生存本身。我们的行走坐卧来自这些能力，我们的喜怒哀乐也源于这些能力。如果把人的身体视为工具，那么这些能力就是我们使用人体这个工具的能力。在科学诞生之前，我们的技术都来自于这些能力，所以我把这种技术叫作经验技术——来自经验，并能随着经验的累积而提高的技术。在很大程度上，科学依据也建立在这种经验之上，科学依据也是对于一个一个经验进行量化，并进行统计平均的结果。伽利略之后的实验科学，就是在实验室里，把人的经验量化、固化、数据化。这些科学的数据似乎超越了具体的人类个体，但是，至少并未超越人类的物种。

在科学对人的一部分能力进行量化之后，在科学获得充分的话语权之后，人们相信科学的工具胜过人的感官经验。这种观念，从中小学课本就开始传授了。比如对温度的感知，人们经常说，个人的经验做出的判断是定性的、模糊的、因人而异的、因环境而异的。同一盆水，如果你刚刚从寒冷的室外回来，你会觉得这盆水是暖的。而如果你刚烤过火，你会觉得它是冷的。而温度计则会给出同一个数字，这个数字精准、客观。两支温度计，一支放在室外，一支放在暖气片上，拿过来测这盆水，读数应该是一样的。所以我们应该相信温度计，而不应该相信经验。

但是，科学只是量化了其中能够量化的部分，并不能对所有的人类经验进行量化。并且，即使被量化的那部分，也未必胜过人类的经验。就以对温度的感知而言，人的经验更加直接，更加迅速，而温度计的感知要迟钝得多。依然用上面的例子，人的感知具有历时性，是有历史的，此刻的冷热与前一刻是相关的，因为冷热本来就是相对的，温度计则没有。人的经验能够累积，人还能够对自己的感知进行反省，对自己的感知再认识。他会知道，此刻觉得冷，是因为刚刚烤过火。两个人对同一盆水的温度感知不同，并不意味着一个对一个错。彼此是可以交流的。你之所以觉得暖，是因为你刚刚从外面回来。而两支温度计则不能。

人对温度的感知当然有个体差异。有人一出门，觉得外面冷，回屋加一件衣裳。另一个不觉得冷，不加衣服。两个人都没有错，因为两个人的体质不一样。我们不可能按照温度计的读数给出单一的标准，要求所有人按照科学依据行事。对于加不加衣服这样的事儿，他们的经验依据就够了。对于饿不饿这样的事儿，经验依据就更加充分了，要等科学依据出来才能决定是否进餐，那就饿坏了。

现在有了很多《荒野求生》之类的真人秀节目。荒野生存靠什么？在荒野生存中，人的本能和经验是主要的，科学依据只能作为辅助的手段。

即使在貌似非常理性，能够发挥科学技术之特长的领域，人的本能和经验依然不能被取代。要知道，阿尔法狗战胜李世石，是2016年的事儿，战胜柯洁，是2017年的事儿。也就是说，在下围棋这件事儿上，直到2016年以前，人的经验依据，要胜过计算机的科学依据。

而在很多领域，是科学依据所鞭长莫及的。在建筑领域，中国古建筑中有特别多的复杂的构件，这些构件的力学结构，现代人用计算机也不能完全模拟出来。

科学活动同样离不开经验依据。库恩讲范式，讲科学共同体，讲实验室传统，你在同一个实验室里混出来，会获得一些波兰尼（Michael Polanyi，1891—1976）所说的"默会知识"——有些知识不是明确地说出来的，比如先接这根线还是先接那根线，你在这个实验室里是先接这根线，你到了另外一个实验室可能就变成了先接另一根线。这些行为，都不需要明确的科学条文给你规定，而是通过个体的经验继承。比方说，做菜到底放多少盐？中国的厨师完全可以拿眼睛一瞄，手一抖，就放好盐了。但西方的科学主义者就得拿砝码、拿天平称。说加盐"少许"是不行的，一定得说盐"多少克"，然后拿砝码称，这也是按照科学依据。但中国人讲究经验，讲个体的经验依据。

我说历史依据是一代一代人类个体的经验依据在长时段的统计平均值，这是一种比喻的说法。因为经验依据并未充分量化，谈何统计平均。这里想说的是，历史依据是一代一代个体经验的积淀，它往往以文化的形式流传下来。

对待传统，人们常说"取其精华，弃其糟粕"，这个说法貌似正确，这其中隐含着现代人的优越感，一种还原论的思维。问题的关键在于，以什么为标准？人们默认的标准往往是"科学"。也就是说，传统文化中符合科学的是精华，不符合科学的就是糟粕。但是科学何以能够成为标准？这个问题就绕回来了，相当于，中医为什么需要科学依据？

在我看来，传统的价值不在于符合科学，而在于传了下来。传统的价值就在于传本身。一个传统，传承的时间越长，就拥有越长的历史依据。如果我们采用一种拟人的说法，把一个族群、一个民族、一种文化，都比喻成一个人类个体，那么，历史依据就是这个个体的经验依据。

如果我们以历史依据为标准，用历史依据作为一个赋予事物以合理性的方式，在中西医这个问题上，中医就获得了充分的合理性。中医有两千多年的历史依据，而建立在生理学、解剖学、神经科学等现代科学之上的现代西医，只有一百多年的历史。一百多年与两千多年，完全不具备可比性。

再比如中国人"坐月子"，总是引发各种争议。这事儿没有什么科学依据，但是有历史依据。中国人有"坐月子"的传统，不知道有多长的历史，估计能追挺长的，至少汉人生完孩子之后就要"坐月子"。"坐月子"期间有各种禁忌，不能着风，不能受凉，不能洗澡……当然，具体怎么"坐月子"，不是一定要严格按照传统的方式来坐。即使在传统社会中，也不是一成不变，也会因地制宜，也会因时而异。

我们个人逐渐累积的"经验依据"，同时也构成了我们亲历的"历史依据"。

比如，有一位网络名人，有很多粉丝，他的所谓"打假"成了我们这个时代的文化现象。亦明先生说过，一个人如果做了这个人十年以上的"粉"，那他要不然是脑残，要不然是心黑；不是智力有问题，就是道德有问题。这个评语有人身攻击之嫌，不过，其中有一个限定词——十年。如果经过了十年，还不能了解一个人的话……

所以，当年我们这些"反科学文化人士"针对他的言论提出"三不"政策：不接触、不理睬、不反驳。所以，群里一旦有人发此人的文章，而且让我评论的，我都坚决不看、不评论，他的文章不值得我看。我看一篇文章还需要花时间哪！我要反驳他，也需要花时间了解他的观点，但他不值得我花时间了解。

我们做历史的也好，做人文的也好，为什么要先看参考文献？要看你引用了谁，看哪些人是你的思想来源，哪些人是你的批判对象。这个人我们根本不跟他讨论理论问题，我们把他作为一个社会现象来讨论。有人会认为，你不能因人废言，他可能以前做过一些不好的事，但他不会一直做不好的事。

但我说，对于此人我就是因人废言，我不仅对他本人因人废言，我对他的粉丝也一样因人废言。我们做人文，要阅读的文献是数不清的，在我们有生之年是读不过来的，所以一定要筛选文献，那筛选的根据是什么呢？历史依据是一种筛选的方案。江晓原教授也有过类似的经验之谈，他说有些人的文章，无论他发表在多厉害的杂志上，我都是不看的；但是有些人的文章，哪怕只是在报纸上随便发表一篇，我也愿意看。这就叫因人废言。

再比如，我一直跟着看张艺谋的电影，但是在《英雄》之后我就不跟了。当然，也不是说绝对不看，但不再马上跟进了，不是一定要看了，因为我把他们从我的 VIP 名单里删掉了。

好比去餐馆，某个餐馆饭菜做得很烂，服务态度也不好，你在他们家吃一次可能是偶然的，这是一次经验；第二次再去，口味和服务还是一样差，这就有了一点点历史；你是否还会去第三次呢？当朋友聚会有人提议这个餐馆的时候，你会不会反驳？这时候，如果以你个人经验来说，你已经在这家吃过两次了，两次都是服务不好、饭菜不好，你肯定说咱们还是不要去了。这时你可能会遭到反驳——不能根据你两次的个人经验来判断一个餐馆好坏啊！说不定这两次都被你偶然赶上了呢？你不能"因人废言"嘛！有可能你去的那两次就赶上人家的大厨生病了，或者说你没去的这段时间，人家可能有所改进了，你不去怎么能知道呢？转基因也是这样，你总得"转"了才知道好不好，还没有"转"你怎么能做出判断呢？我们还没有去那家餐馆，你怎么能够说他家的饭菜不好呢？——你会发现，就算你吃过一百次，人家还可以用同样的理由反驳你。

但是，对于有些人来说，只要去一次就够了。最蠢的驴子在同一个地方摔过两次跟头，也可以被原谅，但摔第三次就不可接受了；第一次是偶然不知道，第二次是好了伤疤忘了疼，还没有形成经验，没有形成反射弧呢！同一个地方摔了两次跟头，反射弧总该建立起来了，要是还没有建立起来，那反射弧也太长了。

这样会不会导致某种不公正呢？会的。但是，我们不是上帝，没有天眼，即使我们关注了那些人，我们也同样做不到公正。生活本身是有缺陷的。所谓弱水三千，只取一瓢饮。人生短暂，需要时时面临选择，那么，远离无益之事，远离无趣之人，是提高生活质量和学术质量的最好办法。

曾有一位数学家说起民科，不厌其烦。有些民科显得很可怜，说，我们爱科学有错吗？没错啊！就算我们的科学是错的，我们就想知道哪儿错了，不行吗？这个要求貌似很有道理，但是，那位数学家说：如果我开一辆奔驰车行驶在长安街上，看见路边有一张纸，我是不是要停下来，把这张纸捡起来，看看上面有没有什么正确的话，才算是公正呢？

话说得有点儿刻薄，但是说清楚了一个道理。

读书也是这样，进入信息爆炸的时代，没有人能够读完世界上所有的书，本专业所有的书，甚至本专业某一个分支所有的书。你把时间用在了这本书上，必然不能用到另外一本书上。你把聚会约在了一个已经有多次糟糕体验的餐馆里，那就注定失去了你在同一个时间去另一个餐馆的可能性。

7. 历史依据作为方法

"历史依据"这个武器原本是在中西医的争论中为了支持中医而发明出来的，不过，很快我就把它上升为一种方法论原则，使之成为一种看待问题、思考问题的基本方法，主动应用到其他问题中去。任何一件事儿，都不妨把它放到历史中去看它的过去，从长时段看它的未来。

2005年春天，就在中西医争论的同时，受到著名动物保护人士郭耕和蒋劲松的影响，我成为一名"语境主义素食者"——这是我发明的素食流派。与此同时，我开始考虑人类肉食的起源。

人吃肉，有漫长的历史。但是，从生物学考虑，作为一个动物个体，人没有利爪，没有利齿，徒手捉一只兔子也不容易。人的身体结构，不适合捕捉另一种动物。所以人这种动物并不天然地具备作为一个肉食者的条件。很多人就会反驳，人会利用工具，会使用弓箭，会挖陷阱。这当然没错，但是，这恰恰说明，人能够稳定地获得肉食，是文明的结果。最早是在发明了弓箭和陷阱之后，甚至可能要等到发明了畜牧业之后，才可能稳定地获得肉食。

按照这个推论，人类根本就不会有茹毛饮血的历史。人类从一开始吃肉，吃的就是熟的。如此一来，关于人类的早期史，就应该改写了。

毫无疑问，人类有漫长的肉食历史。但是，我强调的是，历史上我们吃的肉，与我们今天吃的肉并不是同样的东西。我们今天吃的肉，是"工业肉"，是工业化养殖场里，以被监禁被虐待的猪、牛、鸡等为原料，加上合成饲料、抗生素、激素等材料，生产出来的。工业肉不是肉，而是肉的赝品。郭耕说"吃肉相当于吃毒"，指的就是这种肉。

"语境主义素食"的三大饮食主张是：健康、生态、合天理。工业肉的生产过程中不合动物伦理，会产生大量污染，肉质中有各种残余，上述每条都违背。所以我首先反对的是吃工业肉。

至于传统的肉食，实际上，回到历史就会发现，我们从来没有如此之大的肉食比例。我少年时在东北农村长大，农民全年也只有过年的时候才吃肉。平时吃肉，通常是三种情形：特别的纪念日、贵客上门、有人生病。如果平白无故就吃了一只鸡，会遭到全村人的议论。

中国人大规模吃肉，其实只有三十年的历史。

20世纪80年代之后，中国全面改革开放，中国人的口袋里有了闲钱，于是要提高生活水平，而肉食一向作为好生活的标志，于是吃肉就从特殊时刻的特殊行为，变成日常行为。这导致了对肉的总需求大幅度提高。于是导致了下面的变化。

1980年中后期，中国各级政府纷纷出台"菜篮子工程"，以满足人民群众日益增长的饮食需求。由于城市居民的需求大幅度扩张，加上城市本身大幅度扩张，原来的市民副食品供应系统便难以为继了。我记得当时北京市的"菜篮子工程"中就有一条：让北京市民每人每天都能吃上肉。如此巨量的需求，传统的家户养殖根本无法满足。于是，大规模的工业化养殖厂应运而生。于是，我们吃的肉，就悄悄地变成了工业肉。关于这个问题，我曾与我们学院的两位本科生王瑶、赵茉合作，写过一篇文章。[1]

我们吃的肉，变成了工业肉，而工业肉是有害的。此其一。在历史上，我们的身体从来没有摄入如此之多的肉，所以，我们没有大规模吃肉的历史依据！此其二。基于这两项理由，我反对工业肉。

素食不久，有一个素食者常见的问题浮现出来，牛奶算不算素食？我最初对这个问题不以为然，想当然地认为，牛奶是母牛多出来用不完的奶，对牛不构成伤害。不过很快，2006年元旦过后，中学同学聚会的时候，张永祥博士告知了我工业化牛奶厂中奶牛产奶的实际过程。我当下戒掉了牛

---

[1] Song Tian with Yao Wang, Mo Zhao Translated by Yuan Gao, "The Vegetable Basket Project": Tracking the Increase of Meat Production and Consumption in China since the 1980s, *The Future of Meat Without Animals*, edited by Brianne Donaldson and Christopher Carter, published by Rowman & littlefield, London & New York: 2016, pp.49–66.

奶。同时，本能地使用历史依据来看这个问题。

至少，中国人口最多的汉民族在历史上没有喝奶的传统，我们没有喝奶的历史依据。中国人大规模喝奶与大规模吃肉一样，都是从20世纪80年代开始的。此后，我们喝的奶也变成了工业奶。

反对吃工业肉的两条理由都适用于工业奶。

而关于奶，还有另外两个现象耐人琢磨：

其一，在自然界中，没有任何一种哺乳类动物需要依靠另一种哺乳类动物的奶，人类是一个绝无仅有的例外。

其二，在自然界中，没有任何一种哺乳类动物的成年个体，依然需要喝奶，人类是一个绝无仅有的例外。

这表明，人类喝奶，没有生物学依据。[1]

此后，历史依据变成了我的常规理论武器。在讨论转基因问题时，我首先进行话语权剥离，使人文学者获得讨论这个问题的话语权。然后，我从哲学和历史两个角度讨论转基因问题。

从历史上看，转基因农业是工业化农业的高级阶段。大规模工业化农业的起点是1968年印度的"绿色革命"。这是一套完整的农业机制，包括人工培育的种子、农药、化肥、人工灌溉等，它使农业变成了工业。这套方案的确在短时间内使粮食大幅度增长，印度的水稻增产了八到十倍，从一个缺粮国变成了一个粮食出口国。于是"绿色革命"在东南亚展开。中国大规模的工业化农业也是在20世纪80年代之后开始的，比工业化养殖稍稍提前几年。在这个时候，工业化农业的负面效应在印度已经开始显现了，土地板结，土壤污染，河流污染，地下水污染。

工业化农业带来的负面效应逐年增加，边际效应逐年递减，但是，工业化农业的支持者不承认"绿色革命"的失败，而是提出"第二次绿色革命"，其中的核心技术就是转基因。

---

[1] 详见田松，《人这种动物为什么要喝牛那种动物的奶》，《警惕科学》，上海科学技术文献出版社，2014年。

按照历史依据，有这样一个现象，正好可以用到转基因这件事上。

科学家常常许诺，他们会发明某种神奇的技术，来解决当下遇到的某一个问题，但吊诡的是，当下这个问题，恰恰是他们以前发明的为了解决另一个问题的技术所导致的。那么，可以推断，他们将要发明的技术，也将会产生新的负面效应。技术的威力越大，负面效应越严重，且不可逆。

这就是把历史作为一种方法论原则去看转基因问题的一个自然结论。[1]

与之相关联的另一个问题是生态农业。从历史依据来判断，传统农业就是生态农业，它有漫长的历史。一块地，从汉朝开始耕，用两千年，还在产粮食。而工业化农业仅仅三十年，就把这块地给毁了。所以生态农业有漫长的历史依据；工业化农业有三十年的历史依据，然而是否定性的。

再退一步看，你会发现，历史依据与生态学的依据常常是吻合的。但我并不想说，历史依据获得了生态学的科学依据，而宁愿反过来。

把历史依据这个方法应用到我的一个特别研究——垃圾问题上去，可以直接地得到一个违背凡俗之见的结论。

人们总是相信，科学技术的进步可以解决垃圾问题，或者说，要解决垃圾问题，可以、必须、只能依靠科学技术的进步。对此，我请历史出场，推理如下。

毫无疑问，技术在进步。我们今天的技术水平，比二十年前要高明得多；但是，我们的垃圾问题，比二十年前严重得多。我当然相信，二十年后，我们的技术水平比今天要高明得多；但是，我怎么能够相信，二十年后，我们的垃圾就自动消失了呢？历史没有给我这样的依据，而是相反。所以结论是：

垃圾问题不能随着科学技术的进步而得到解决。

我可以相信某一项技术对于某一种特定的垃圾会有很好的处理效果，但是我同样相信，技术的总体进步，会使垃圾问题更复杂、更严重。比如

---

[1] 详见田松，《天行有常，逆之不祥：从哲学与历史的视角看转基因问题》，《警惕科学》，上海科学技术文献出版社，2014年。

纳米技术，将会导致纳米级的垃圾。

用历史依据来面对日常生活，结论是这样的：不要用最新的科学技术。在效果差不多的情况下，尽可能地用旧一点儿的技术。比如，给食物加热，我不用微波炉，我现在家里已经没有微波炉了。最好的方式，就是直接在火上，蒸、煎、炒，都好。或者，我可以选择老式的烤箱。

甚至手机，也不需要买最新的。不急着升级，或者升级的时候，不升到最高级，升到次高级，价格刚刚降下来，性能也不错。

诸位也可以试着，对于你的学术问题，你的日常事物，用历史依据作为方法论原则，做一下判断。

8. 依据的权重

现在我们有了三个依据：历史依据、经验依据、科学依据。很自然就出现一个问题，怎么排序。

我们希望有一个绝对可靠的依据，满足逻辑外的心理动机。但是，我们也知道，科学并不具备百分之百的正确性，科学依据也不再绝对可靠。这时，很多人心里会空荡荡的，感到惶恐，失去了精神支柱，失去了依托。

毫无疑问，历史也不是绝对可靠的，经验依据更加不是。那就会有人问，这三个依据，哪一个最可靠？虽然大家都不是百分之百了，那么是否还是可以排一个次序呢？这仍然是确定性追求的一种退而求其次的表达。

虽然不存在一个"绝对"正确的知识，不存在"绝对"可靠的依据，但是，能够对现有的依据排出来一个"绝对"的次序，也是好的！人们一排，就会把科学依据排在前面。我把这称为"萨根命题"。

卡尔·萨根（Carl Sagan, 1934—1996）在《魔鬼出没的世界》里说过：

> 科学远不是十全十美的获得知识的工具。科学仅仅是我们所拥有

的最好的工具。[1]

在波普尔打破了人们对科学的"绝对"正确的幻梦之后，很多人表示过类似的看法。只不过，我看到的最早的完整表述是在卡尔·萨根这里，就把它归之于卡尔·萨根。科学不是完美的，但它是最好的。在操作层面上，与科学完美其实并无差别。科学是完美的，所以科学依据是最高依据。科学不是完美的，但科学是最好的，所以科学依据是最高依据。

但是，萨根命题自身，并没有科学依据。当然，或许在卡尔·萨根本人看来，他已经进行了严格的论证。这又回到前面说过的问题了。一个解释，总是有语境的、有对象的。我相信会有很多人接受萨根的论证，会认为他的说明很严谨。而我则不以为然。

我把历史依据排在第一位，经验依据第二，科学依据第三，这只是我个人的排法，我并不认为这是一个绝对的排序。作为生态多元、文化多元的主张者，我对任何绝对的东西都本能地有所怀疑。每个人都可以有自己的排序，即使我自己，在不同场合，针对不同的问题，也会采用不同的依据。或者，以不同的依据作为参照。

比如，一般来说，在中西医之间，我选择中医。对于西医的各种还原论指标，我通常也不以为然。但是，如果摔伤骨折，我不排斥拍摄X光片作为参考。依据与否，原本与心理有关。比如，很多朋友看过我的牛奶文章之后，都认为有道理，但是在实践中，仍然要给自己的孩子喝牛奶，不然就觉得不踏实。我十多年不参加每年一度的西医体检，我心里踏实，我可以。但是我不打算推广给别人，尤其是那些体检之后才觉得踏实的人，他们需要通过科学依据来确证自己的健康。当然，即使对于他们，我也希望他们能够把历史依据和经验依据作为两个参照选项。

在我们的日常生活中，科学依据常常鞭长莫及。比如两个英俊的小伙子

---

[1] 卡尔·萨根，《魔鬼出没的世界》，李大光译，海南出版社，2015年，第25页。

同时看上你了,你选谁?这件事科学依据帮不了你,你怎么办呢?你总得有一个判据啊!而且,你必须马上下决心了,不能再拖了,再拖两个人都飞走了,那你怎么办呢?你总得有个办法帮助你做决定。如果你有一个你特别信任、崇拜的人,你会去问他,那么,你是在寻求来自权威的判断。或者,你用计算机算命,把他们两个的基本信息输入计算机,让计算机算一下,看星座什么的配不配、搭不搭?或者看属相?这算是寻求科学依据吗?

如果你自己特别坦然,比如对于"今天中午吃萝卜还是吃黄瓜"这样的事,不需要什么科学依据,也不需要问别人,自己就能决定了。当然,对一次性事件,依据可能没有那么重要,但假如有人问你,你为什么喜欢吃榴梿这么古怪的东西?你还是得给人家一个依据。那么,这时候你更看重什么呢?如果你跟人家说,因为榴梿有多少维生素之类的,那就说明你热爱科学,你相信营养学,你拿出来的是科学依据。如果你说,因为榴梿是中国人喜闻乐见的一种传统食品,那这个有点像历史依据。或者说你就是不讲理,就是喜欢吃,没有道理可讲,那你说的是个体的经验依据。

究竟采用哪种依据,或者,究竟哪种依据更具有说服力,取决于你自己,也取决于你要解释的对象。这也不存在一个绝对的排序。

再比如,现在喝茶是一种时尚,那为什么喝茶,绿茶还是红茶,同样需要有一套说辞。对于某些人来说,微量元素之类的说辞更具有说服力;对另外一些人来说,阴阳五行更有说服力。

9. 历史中稳定的生活

科学并不是一个完成了的静态的知识体系,科学还在发展之中。科学自身就预设了对自身的否定。并且,"发展"这个词意味着,今天的科学比昨天要好,明天的科学比今天要好。这种进步的科学观会让很多人感到振奋,会觉得我们的生活一天比一天好。但是,只要反过来看,就会得到一个吊诡的结论。那就是说,今天的科学不如明天的科学好;相对于明天的科学来说，今天的科学是粗陋的、不够精准的，甚至可能是错误的。然而，我们只能以今天的科学为依据，不可能以明天的科学为依据。这就意味着，我们永远只能使用不够好的科学作为依据。

昨天的科学以为对的，可能会被今天的科学判定为错；今天的科学以为对的，又可能被明天的科学判定为错。科学是指向未来的。如果按照科学依据来生活，我们的生活就会颠三倒四。这在营养学领域，表现得极其突出。

现代营养学是建立在机械论、还原论、决定论的机械自然观之上的，它把食物还原为营养素，把生命体还原为生物机械，并且营养学相信，它能给出营养素与生命机能的一一对应关系。营养学通过实验室的数据告诉我们，怎样吃是健康的、合理的。人们按照营养学来指导日常饮食，会觉得很踏实。只是，营养学每发展一次，他们的食谱就会变化一次。如果仅仅是变化也还好，糟糕的是，有些变化是一百八十度的。对于糖、脂肪酸、碳水化合物、胆固醇，都有过从支持到不支持，或者从反对到支持的诸多反转。

但是，反过来，依靠历史依据，则可以过一个相对稳定的生活。因为历史是指向过去的。关于应该吃什么，不应该吃什么，这原本是一个民族文化传统的一部分。文化是高度地域性的，饮食也是高度地域性的。古语说"一方水土养一方人""靠山吃山，靠水吃水"，每种文化对于饮食问题都会有一套完整的答案。这种文化的传统越长，这个答案就越丰富、越稳定。比如端午节吃粽子，可以追溯到两千年前。

文化多样性与生态多样性，两者是相互依存的。不同地域性的生态中产生了不同的文化，反过来，这种文化也具有保持这种生态的功能。饮食作为生命体的基本生存技能，一定是根植于本地生态的。海边的民族和山里的民族，有着不同的饮食习惯，有着不同的食谱，这是本地的文化所决定的，也是本地的生态所决定的。

而现代营养学，如同现代科学的其他门类，是超越地域、超越种族、超越国家、超越文化的。中国的营养学与美国的营养学是同一个营养学，而且，中国官方颁布的营养膳食指南，与美国人颁布的营养膳食指南，也差不多是同一个。那么，问题就来了，中国地域如此之广，生态多样性如此之大，民族多样性如此之多，个体差异如此之巨，怎么可能将同一个标准用于所有人呢？

基于这个原因，对于拥有科学依据的营养膳食指南，我出乎本能地怀疑和拒斥。更何况，这个指南还在不断更新。回到前面说过的逻辑，如果今天的指南比昨天的正确，明天的指南比今天的更加正确，那就意味着，我们的昨天和今天，都是在不正确的指南的指导下生活的。

10. 用历史超越科学

2013年年底，崔永元专程到美国跑了一个多月，对转基因问题进行了调查，制作了一个纪录片《小崔调查转基因》。在美国加州克莱蒙，他采访生态文明克莱蒙学派的精神领袖、美国人文与科学院院士小约翰·柯布（John B. Cobb Jr.）先生。柯布先生是过程哲学家，他说："转基因这个东西，从我们哲学家的角度看，最大的问题是没有历史。"

对于一个哲学家来讲，没有历史就已经是致命的缺陷，就不应该存在了，只能在实验室里存在。既然转基因现在一点历史都没有，就不能大规模地商业种植。对于哲学家来说，"没有历史"这个理由已经足够充分了；但是对于科学主义者来说，他要求你提供科学依据。

刘华杰说，我们不同的学科看问题的尺度是不一样的。转基因的科学家，他们能看到多长尺度的事？他们的试验田可能比"春种秋收"还更快一点，两个月就能出结果。他们考虑的时间尺度可能就一年，眼光放长一点是五年，让他们从十年的尺度考虑问题就比较难了，恨不得第二年就大面积推广，好挣钱。对于一个商人来说，股票市场上瞬息万变，要他从十年的角度考虑问题，他才不干呢。

但是，一个历史学家考虑问题，十年的时间尺度有点短，历史学家可以从五十年、一百年甚至更长的时间尺度去看问题。哲学家看问题的尺度非常多样，有的哲学家看得短，只能看到当代，看到转向，看到潮流。也有的哲学家能够看得长远，能与看到最长时间尺度的历史学家相比。

我们为什么要读长时段的历史呢？因为这些历史给我们一些依据，如果你不愿意说它是依据，你可以说它给我们一些启示。

我再讲一个故事，一座塔是一个文物，已经有上千年的历史了。但科学家一看这座塔就说，不行，这座塔没有装避雷针，很危险。文物管理处一听科学家说没有避雷针，心想被雷劈了怎么办，根据科学依据，得给它装避雷针。结果，避雷针装好了，没过两个月，这座塔就被雷劈了。怎么解释这件事呢？装避雷针是有科学依据的啊！这件事我们也可以从历史依据的角度来讲，这座塔在这个雷电多发地区已经待了一千年，如果它不能有效防雷，它早就被劈坏了，根本就轮不到你给它装避雷针。如果当时造这座塔的技术不能够解决雷电的问题，那这项技术可能早就被淘汰了，不可能留下来。所以历史赋予了这座塔存在的依据，这件事情是超越科学的。

我不小心又说多了，还有十分钟，大家说说吧！

课堂讨论片段Ⅸ

学生（古马尔）：老师，我问一个问题。老师刚刚说的"反科学"是指对科学保持怀疑的态度，还是直接反对科学？

田老师：不迷信它。

学生（古马尔）：就是不相信科学？

田老师：对，不迷信科学，不迷信科学家，不迷信科学家的道德，因为在历史上他们做过坏事，科学家集体作恶不是不可能的，是在历史上发生过的。既然曾经发生过，就还可能再发生。蕾切尔·卡逊发表《寂静的春天》的时候，遭到了整个美国化工学界的诋毁，不是一两个人，而是科学共同体整体的攻击和谩骂。这样的事情今天还在发生。所以，我们在判断一件事情的时候，对于科学家提出的科学依据可以放到最后考虑，先看历史依据和我们个体的经验依据，最后才轮到科学依据，在这些依据发生冲突的时候，以历史依据为准。

另外一个故事是说个体的经验依据，一个小孩生病了，他被带到乡里或者镇里的一个医院去，医生给他挂上瓶子打点滴，这个小孩感觉不舒服，他就跟他妈讲自己很难受，还是别打了吧。但是他妈妈相信大夫，去找那个大夫，说小孩感到难受，这个药是不是别打了啊？大夫说，你要相信科学嘛，不能讳疾忌医，打针嘛，有一点不良反应太正常了，良药苦口，小孩别这么娇气，过一会儿就好了。然后他妈妈回来了，说孩子你再挺挺吧！这孩子过一会儿说："再打下去我会死的！"注意啊，这是这个小孩的个体经验依据。他妈妈又赶紧去找大夫，等把大夫给拉过来，孩子已经死了。

医院总是有各种各样的理由，用各种你听不懂的医学名词来证明不是医院的问题，而是你个人的问题。乡下的人也没有话语权，就把孩子带回来了，顺便把花钱买的药也带回来了。结果，不小心把药撒到院子里，被家里的狗吃了，狗一下也死了。这时候他们家里才意识到是医院的问题，又去找医院算账，最后找到了原因，是医生把两种不能配在一起的药配在一起了。

我想说的是，如果这个孩子的妈妈不那么相信科学，而是相信这个孩子的个体经验依据，在孩子一开始说不舒服的时候也不去找大夫，直接把管子拔了，那孩子就活下来了！当然你会说，这不是科学的错，这恰恰是医院没有按照科学规则配药，所以不能怪科学依据。我要说的恰恰是这个，你这个正确的科学依据，是在事后发现的。

很多事我们是可以超越科学的，不需要科学给我们提供依据。

我们不可能预先知道科学的所有负面效应。在当初使用它们的时候，我们都认为这事儿有科学依据，我们永远都是事后才知道哪里错了，而在使用之初不知道。所以，要想避免科学的危害，就要超越科学。历史依据、经验依据，都是超越科学的某种方式。

只有超越科学，才能够在科学的负面效应出现之前，防患于未然。否则，我们就只能跟在后面，做事后诸葛亮。

第六讲 | 科学史的学术地图

1. 自然辩证法与科学技术哲学

多年以前我有一个习惯,每到一个新的城市,一出火车站,首先购买一幅那座城市的地图。先找到火车站在哪里,再找到要去的目的地在哪里。在这座城市行走的时候,我也会时时拿着地图,找到自己的位置。

知道自己在哪儿,这是一种心理需求。

从事学术工作,也需要知道自己在哪儿,建构出一幅学术地图。所以这一讲,是讲科学史与科学、历史,与科学哲学、科学社会学,以及其他相关学科的关系。

我从科学技术哲学讲起。严格来说,科学哲学和技术哲学要分开说,不过两者关联密切,曾经被认为是一回事儿,就暂时放在一起,笼统地说科哲——可以理解为科学哲学,也可以理解为技术哲学。或者写作科学/技术哲学。对于科学史、科学社会学等,也都可以把科学替换成科学/技术。

科学哲学,顾名思义,是哲学的一个分支,但是它与哲学其他分支不太一样。按照中国的学科设置,哲学下面有八个二级学科,传统的强势学科是中西马,即中哲、西哲、马哲,再加上伦理学、美学、逻辑学、宗教学,第八个则是科哲。这几个学科的分类规则是不统一的。中、西是按地域分,伦理、美学是按研究对象分。科哲也算是研究对象,但是这个对象不是一个抽象的对象,而是一个具体的、在哲学之外的对象。同属哲学,美学和伦理学之间就会有交流,西哲下面肯定有人做美学、做伦理学,中哲下面也有人做美学、伦理学,所以研究这些领域的学者会形成一场相对紧密的共同体,交流会比较密切、频繁。而科学哲学则比较另类,多隔了一层。比如物理学哲学,这是科学哲学的经典领域,以物理学为研究对象,与中哲、马哲、美学、伦理学都不大容易有交集。

与科学技术哲学最近的领域应该是西哲,特别是分析哲学,逻辑实证主义与分析哲学是一脉相承的。科学哲学兴起于德国,从维也纳学派开始,代表人物是石里克(Moritz Schlick, 1882—1936)、卡尔纳普(Rudolf Carnap, 1891—1970)等人,他们的学术主张被称为逻辑实证主义(logical positivism)、逻辑经验主义(logical empiricism),或者新实证主义(neopositivism);与此同时,还有柏林学派,以赖欣巴哈为代表,强调逻辑经验主义。两个学派交往密切,观点相似,主张拒斥形而上学,强调经验和实证,开始讨论科学划界问题。他们算是科学哲学的第一代。这是科哲与西哲在历史上距离最近的阶段。

维也纳学派有一位中国传人,即北京大学的洪谦(1909—1992)教授,他于1934年获得维也纳大学哲学博士学位,导师是石里克。不过洪谦教授与中国的科学哲学似乎往来不多。从学术归属上,他属于外国哲学-西方哲学,他的弟子传承的是分析哲学。

到了科哲第二代的卡尔·波普尔,就已经开始偏离分析哲学的路径,波普尔本人更著名的身份是政治哲学家。波普尔的理论被称为证伪主义,严肃点儿的说法叫批判理性主义(critical rationalism),主张科学无法证实,只能证伪。证伪主义被拉卡托斯(Imre Lakatos, 1922—1974)修正,称为精准证伪主义。

科学哲学再往后的人物就是托马斯·库恩,他开创了历史主义学派,将科学史引入科学哲学,库恩的工作是建立在他的科学史研究上的。这里,科学哲学与科学史出现了交集。库恩批评此前的科学哲学家,他们所讨论的科学是理想中的科学，并非历史中的科学。库恩之后是罗伯特·默顿（Robert Merton，1910—2003），默顿并不是哲学家，而是社会学家，他毕业于哈佛大学社会学系，把社会学引入了科学哲学和科学史，他的博士学位论文《十七世纪英格兰的科学、技术与社会》被视为科学社会学的开山之作，现在也是我们科学哲学专业的必读书。在这本书里，科学、技术与社会这三个词被紧密关联起来，简称STS。STS成为一个研究领域，也成为一种研究方法。

非常巧，STS还是Science and Technology Studies的缩写，这个词直接翻译成中文"科学技术研究"会让人产生误会，不知所云，刘华杰建议翻译成"科学技术元勘"，这是把科学和技术作为研究对象的一种综合性研究。两个STS有很大的交叉。在国内通常指前一个，有很多高校都有"科学技术与社会研究所"或者"科学技术与社会研究中心"。在国外常指后一个。康奈尔大学就有一个独立的STS系（Department of Science and Technology Studies）。

接下来是科学知识社会学，简称SSK（Sociology of Scientific Knowledge），科学知识社会学对"科学知识"进行了社会学的研究，刘华杰将之总结为，用科学家研究自然的方式去研究科学。这个学派诞生于英国爱丁堡，所以叫爱丁堡学派，主要人物有巴里·巴恩斯（Barry Barnes）、戴维·布鲁尔（David Bloor）、迈克·马尔凯（Mike Mulkay）等。此后又有巴黎学派，引入了人类学的方法，用人类学家研究原始部落的方式研究科学活动，与哲学的距离更远，其代表人物是布鲁诺·拉图尔（Bruno Latour）。SSK产生了很多颠覆性的成果，现在也是我们这个领域的必读书。不过，SSK学者并不认为自己是哲学家。比如史蒂文·夏平辗转于STS、科学社会学、科学史等机构，最后在哈佛大学科学史系退休。

SSK最早被介绍到中国是在20世纪90年代，有两位学者贡献颇多。一位是社科院社会学所从事社会学理论的苏国勋教授；一位是北京大学哲学系的刘华杰，当时是副教授。SSK的观点与我们的"缺省配置"冲突很大，很多人一眼看去会觉得荒谬。国内很多学者批评 SSK，认为 SSK 会让人陷入相对主义。刘华杰曾专门写文章论述：相对主义优于绝对主义。对于很多科哲的学生来说，SSK 是一个坎。这个坎如果迈不过去，就会被玻璃天花板罩住。

由上可见，科学哲学这个领域枝蔓繁多，与哲学正统相对疏远。这个驳杂，有历史的原因，也有学科本身的原因。

再往后，有约瑟夫·劳斯（Joseph Rouse，1952—　）的科学实践哲学，算是回归到哲学上来。劳斯的名著《知识与权力》，大量借用了海德格尔（Martin Heidegger，1889—1976）的资源。海德格尔属于西哲欧陆传统的现象学（phenomenology）一脉。

对于科学的基本理解，科学哲学自身已经经过了好几轮的颠覆。

中国的科学技术哲学的特殊性还有自身的历史原因。

科学技术哲学这个学科业内有两份著名的杂志，一份叫作《自然辩证法通讯》，一份叫作《自然辩证法研究》，都冠有自然辩证法的头衔。自然辩证法是这个学科以前的说法。中国自然辩证法的历史可以追溯到延安时期，于光远（1915—2013）先生翻译了恩格斯（Friedrich Engels，1820—1895）的著作《自然辩证法》，是自然辩证法中国学派的开创者。

1956年，于光远在中国科学院哲学所成立自然辩证法研究组。1962—1964年，于光远和龚育之（1929—2007）联合北京大学哲学系招过三届自然辩证法的研究生，1962年8名，1963年2名，1964年3名，他们构成了中国自然辩证法的第二代。我的导师金吾伦先生属于1964年那一届。

1976年，"文革"结束，科学的春天来了，自然辩证法也得以重生。1977年，于光远先生在中国科技大学研究生院（北京）建立自然辩证法教研室。同年，中国科学技术协会提出申请成立自然辩证法研究会。1978年1月2日，获得邓小平批准。1979年1月，《自然辩证法通讯》杂志创刊，创刊主编于光远。由于于光远的关系，这家杂志社曾是司局级建制。几年后，

于光远先生（刘华杰摄于2004年）

凭借这个建制，成立了中国科学院政策研究所。

自然辩证法第一届全国大会于1981年10月召开，于光远任第一届、第二届理事长。在第一届的副理事长中，有周培源（1902—1993）、卢嘉锡（1915—2001）、钱三强（1913—1992）、钱学森（1911—2009）等著名科学家。作为主流意识形态，马克思主义指导一切，当然也要指导科学。指导科学技术活动的马克思主义就是自然辩证法。当时的自然辩证法研究会是一个级别非常高的学会，科学家们争先恐后，积极参加。

"文革"之后，大学恢复招生，自1981年起，自然辩证法成为理工农医研究生的公共必修课，而文科研究生的必修课叫马克思主义基本原理。这一学科迅速发展，人员众多。除了自然辩证法的专业队伍之外，每个理工农医高校都需要有一个自然辩证法教研室来教公共课。当时吉林大学曾有自然辩证法的本科专业。

与此同时，中国全面改革开放，与国际接轨，发现自然辩证法只能与苏联和东欧接轨。要与西方接轨，就需要寻找其他的方向。

在范岱年先生的主持下，《自然辩证法通讯》为自然辩证法指明了具体方向。杂志刊头下面曾有一行字："科学哲学、科学史、科学社会学"，后来变成"关于自然科学的哲学、历史和社会学的综合性·理论性杂志"，

范岱年先生（刘华杰摄于2009年）

直到今天。这句话还可以扩展为："关于科学和技术的人文研究和社会研究"。人文研究指文史哲，社会研究可以包括社会、管理、经济、政治、政策。

范岱年先生出生于1926年，1948年毕业于浙江大学物理系，是浙大的中共地下党员。其父范寿康（1896—1983）先生是中国著名教育家、哲学家。范岱年1949年之后在中国科学院院部工作，1957年成为"右派"。范先生与自然辩证法最早的接触，应该是在1963年，经龚育之介绍，他调入中国科学院哲学所做《自然辩证法研究》的编辑，控制使用。1980年，任刚创办一年的《自然辩证法通讯》常务副主编，此后一直在自然辩证法这个领域工作，直到退休。

后来，自然辩证法这个专业名称变成了"自然辩证法（科学技术哲学）"，再后来，变成了"科学技术哲学（自然辩证法）"，再后来，括号去掉了，就成了今天的科学技术哲学。

也就是说，中国的科学技术哲学虽然名为科学技术哲学，但是历史地有自然辩证法的血统，并延续了自然辩证法的传统。

从自然辩证法的原始根源看，既然是从恩格斯那里来的，所以肯定有马哲的渊源；然后转换成科技哲学，上接逻辑实证主义，有了西哲的渊源。这些学科混在一起，吴国盛就说：半西半马、又西又马。

中国的自然辩证法是一个非常庞杂的领域，于光远先生说过："自然辩证法是个筐，什么都往里面装。"在自然辩证法名下，可以做科学/技术史、科学／技术哲学、科学／技术社会学、科技政策、科学教育，按照吴国盛教授的说法，合法的研究领域是"科学／技术+X，X=everything"。所以这个专业有一个好处，跟谁都是同行。无论你是从事哪一个领域研究的，只要能加上科学和技术，就是我们的研究对象。哲学自不用说，我做科学史，就与历史学是同行；做科学社会学，就与社会学是同行；做科学教育，还与教育学是同行；更加过分的是，我还能做科学与艺术研究、科学与宗教研究……当然，这同样也是为人诟病之处，专业性不强是也。

由于这个历史原因，可以理解，在中国的科学技术哲学的队伍中，有一些人做着科学技术史的工作。或者反过来说，在中国做科学史的学者中，有一些人是做自然辩证法－科学哲学的，他们人在哲学系。这支队伍比较零散，但是人数不少。

除了自然辩证法这个驳杂的血统之外，科学哲学与科学史还有一个重要的关联，科学思想史是科学哲学的一个研究方向。哲学界有个著名的说法，哲学就是哲学史。按照这个逻辑，科学哲学就应该是科学哲学史。当然，科学哲学自身的历史很短，但是科学的历史很长。科学思想史作为科学哲学的一部分，顺理成章。

拉卡托斯说，没有科学史的科学哲学是蹩脚的，没有科学哲学的科学史是短视的。按说科学史与科学哲学应该有密切的交往，但是实际上，在中国，这两个领域长期以来是平行的、独立的，不怎么打交道，两者也遵循着不同的范式。

2. 作为科学的中国科学史

在中国，长期以来，具有正式头衔的建制化的科学史研究机构只有一家，中国科学院自然科学史研究所（The Insititute for History of Natural Sciences, Chinese Academy of Sciences），它被称为科学史的国家队。这个机构是1957年成立的，当时叫中国科学院自然科学史研究室，1975年升格为所。我的第二个博士学位是从这个研究所获得的,所以我也称我们所。

中科院自然科学史研究所是竺可桢(1890—1974)提议建立的,"强调有计划地整理中国自然科学和技术遗产,专注古代科技史研究,设有数学史、天工化物、生物地学史三个专业研究组"[1]。成立我们所的目的就是要整理中华文化的宝贵遗产,整理国故。走的是李约瑟的路线。

那么,如何整理呢?或者说,怎么就叫作整理了呢?这就要用上克罗齐那句话了,一切历史都是当代史。古书就在那儿,史料就在那儿,大家为什么不直接看古书,不直接看史料呢?有两个原因,一是现代人看不懂古书了;二是史料无限,要看哪些呢?

现代人看不懂古书,这是因为近代以来,中国文化发生了断裂。白话文运动使得文言文失去了书面语的地位。民国建立之后,蔡元培主导的北洋政府教育部和南京政府教育部马上宣布废除读经,从此中国的孩子就不能在国家主导的基础教育体系中获得系统的传统文化教育。几代人之后,看古书就越来越吃力,尤其是某些专业性的书籍,完全是天书。

比如《周髀算经》《九章算术》,说的都是什么?可能很多同学背过标准答案,但是有多少人看过原书呢?绝大多数没有看过,就算是拿来放在眼前也看不懂。这就需要整理,或者翻译,把它们用现代科学的语言,解释一下。

史料无限,要看哪些呢?这关联着另一个问题,为什么我们要把某些史料采集出来,给现代人看?用什么标准去采集,再用什么线索重新串起来?这就是一种编史学纲领,体现着一种价值观。对于那个年代的科学史学者而言,这个价值观是不言而喻的。就是史料中符合现代科学的部分。或者说,采集史料的标准就是现代科学体系,或者说西方科学体系。

这种整理,就是将史料中的内容与现代科学体系相比附。我曾经打过

---

[1] 中国科学院自然科学史研究所官网,《自然科学史研究所历史沿革》,http://www.ihns.cas.cn/jggk_new/lsyg_new/。

一个比方，如果传统文化是一个珠网，我们的科学史研究就是把珠网拆成一堆珠子，把珠子按照现代－西方科学体系重新串起来。比如我们说《墨经》中记载了小孔成像，把这部分单独拿出来，就是先秦的光学知识。再比如，整理《梦溪笔谈》，说里面有物理、数学、天文学、地理，并用现代的相关学科的话语加以解释。再比如《山海经》《徐霞客游记》，我们也可以从中整理出动物学、植物学、地理学。至于其中不能纳入现代科学体系的部分，则弃之不理，或者，直接称之为糟粕。

在对史料进行比附的同时，很自然地要与欧洲，或者阿拉伯、印度做个对比，看看我们在历史上有哪些世界第一，有哪些最牛！那时美国还是蛮荒之地呢，不足一提。我们最熟悉的是四大发明，这些其实都是技术。我们还比较熟悉祖冲之的圆周率，比欧洲的早了好几百年。那么，应该还有更多值得我们自豪的东西，两千多年的史料，加上新发现的考古材料，需要整理、梳理、重新解释。

下一个问题是，这项工作应该由什么人来做呢？或者说，哪些人能够胜任这项工作呢？不用想就可以想到，这样的人必须同时具有两项能力：一、懂科学；二、能读懂古书。让能读懂古书的人去学科学，难度有点儿大；让懂科学的人去学古文，应该容易一点儿吧。

所以，自然科学史所的前几代学者，都是理工科出身。比如我的导师陈久金先生是南京大学天文系毕业，再比如董光璧先生是北京大学物理系毕业。这就出现了一个有趣的现象，中国科学史领域的国家队队员，没有受过正规的史学训练。而且，大家都不觉得这是个问题。

这些队员从各个科学专业毕业，来到中科院的下属机构，从事中国古代科学技术史的研究，他们不认为自己在从事一个人文性的历史工作，而认为自己在从事科学工作。于是，就有了下面这件事。

科学史所原本由中国科学院哲学社会科学学部代管，1977年7月哲学社会科学学部独立为中国社会科学院的时候，科学史所顺理成章地归入社科院，可是，所里的老先生们坚决抵制。他们认为自己是科学家，不想跟

席泽宗先生（刘华杰2006年7月22日摄于北京怀柔）

社会科学一起玩儿，所以不到半年，科学史所就在1978年1月1日回到了中科院。

3. 作为科学的中国天文学史

科学史所比较有代表性的一支队伍是天文学史。这也是非常特殊的一支，因为其中有一位科学史领域唯一的中科院院士席泽宗（1927—2008）。席泽宗先生的重要工作叫作《古新星新表》[1]，考证了中国历史上的新星和超新星爆发记录。

恒星有一个演化过程，它有诞生，有死亡。所谓恒星，是不动的星，仿佛固定在苍穹上，漫天的恒星构成了稳定的图案，给苍穹标上了位置。所以古希腊人认为所有恒星都镶嵌在一个天球上。所谓新星，就是那个地方本来没有星，忽然出现了一颗星，而且特别亮——如果不亮，就不会被人发现。什么是超新星呢？就是特别亮的新星。超新星的亮度还能迅速增长，在几天内比全天最亮的星都亮，当然就特别惹人注意。

通常我们说，中国古代科学有四大门类：天、算、农、医，这四大门类使我们独立于世界民族之林。天学尤为特殊。江晓原认为，中国古代关

---

[1] 席泽宗，《古新星新表》，《天文学报》1955年第2期。

于天的学问不应该叫天文学,因为它与西方天文学在功能、目的、理论框架等都不相同,不是同一个东西,所以直接叫天学更为合适。

我们的天学很特殊,天学家被列入政府职员序列,是吃皇粮的,早期由史官兼任。天学家的职能之一就是看天象,每天记录天象的变化,是天学家的任务。自汉以来,连续不断。所以我们有长达两千多年的连续的天文观测记录,这是全世界任何一个国家都没法比的,欧洲连续的天文记录怎么也得从中世纪以后开始。

我们现在能看到天上有一片星云,叫蟹状星云(Crab Nebula),这是英国天文爱好者约翰·贝维斯(John Bevis,1693—1771)在1731年首先观测到的,很快被其他天文学家确认。到了20世纪,高倍望远镜发现蟹状星云在膨胀,按照膨胀的速度反推,它应该在九百年前就被人看到了,此时中国正处于北宋时期。这个时间被认为是中国古代文明的一个巅峰。

既然中国古代有如此丰富的天象记录,就不妨看看,那个时期有什么特殊的天象,于是就找到了一些记录。

1054年,时为北宋时期,东京汴梁的人们在这个位置看到了一个"客星",所谓客星,就是原本不在这里的访客。这颗客星从无到有,从亮到暗,持续了二十三天,最亮的时候,比金星还亮,白天都能看到。这显然是一颗超新星。此事在《宋会要》中有记录[1],在沈括的《梦溪笔谈》中有更详细的记载。

于是,很自然地,人们就产生了这样的联想,蟹状星云就是北宋那颗超新星爆发之后留下的余烬。当然,也会想象,这颗超新星以前是什么,恒星的一生,就是恒星演化理论。

这颗客星如此之亮,整个地球都能看到,所以不仅中国人留下了记录,阿拉伯、印度、日本对这颗超新星都有记录。不过,要确认恒星演化理论,

---

[1]《宋会要》记载:"嘉祐元年三月,司天监言:'客星没,客去之兆也。'初,至和元年五月,辰出东方,守天关。昼如太白,芒角四出,色赤白,凡见二十三日。"

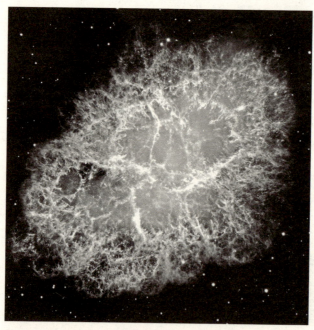

蟹状星云,哈勃望远镜摄于 2005年12月1日
Public Domain

只有这一个案例是不够的。其余的没有那么亮的超新星的记录,差不多就只有中国的天学家有记录了。

席泽宗先生就是把这些记录从古文献中整理出来,编订了《古新星新表》,于1955年发表在《天文学报》上。十年后,他又与薄树人(1934—1997)先生合作,在《天文学报》上发表了《中朝日三国古代的新星记录及其在射电天文学中的意义》[1]。这两篇文章在国际上产生了重大影响,苏联和美国迅速翻译出版,引用率极高。这是《天文学报》至今国内外引用率最高的文章,而且大都是被天文学家引用。

发表在《天文学报》上,被天文学家引用,这意味着什么呢?这意味着,席泽宗是一位天文学家。由于他的科学成就,席泽宗先生在1991年成为中国科学院院士。

---

[1] 席泽宗、薄树人,《中朝日三国古代的新星记录及其在射电天文学中的意义》,《天文学报》1965年第5期。

4. 中国的科学史学科建制

中国的学科设置由教育部统一管理。也就是说，教育部参与、主导着中国学科的建制化，每隔一段时间，就会对已经完成的学科规划进行调整。1990年曾经设定了自然科学史（理学）和技术科学史（工学）两个一级学科，到了1997年学科调整时，曾拟取消或纳入哲学门类，由于全国各机构的科学史学者一致抗议、申诉和公关，没有取消，但是两个变成了一个，名为"科学技术史"，作为理学一级学科，而不是人文学科。[1] 科学技术哲学则是哲学名下的二级学科，一级学科是哲学。

科学技术史是理学一级学科，如果你要申请科学史的课题的话，要到自然科学基金会去申请。如果你想到社科基金会去申请科学技术史项目，是没有的，在社科基金的学科分类里面找不到它。

科学技术史这个一级学科很牛，但也比较古怪，因为它没有二级学科，只是一个光杆司令。

比如，席泽宗先生做的天文学史，不是科学技术史下面的二级学科，而是天文学下面的二级学科，大家能想象吗？

席泽宗当然也认为自己在做科学，他不认为自己在做历史，所以，历史为科学服务。我们中华民族的历史多么了不起，但是这个历史是要为科学服务的，因为科学更牛。天文学史是天文学下面的二级学科，同样，物理学史是物理学下面的二级学科，化学史是化学下面的二级学科，数学史是数学下面的二级学科。

在北京师范大学曾经有一支庞大的做数学史的队伍，在数学学院的白寿彝（1909—2000）教授带领下做，在中国数学史方面，北京师范大学曾

---

[1] 翟淑婷，《我国科学技术史一级学科的确立过程》，《中国科技史杂志》2011年第1期。

经是最牛的。白先生去世之后，现在就没有那么牛了。而且，遗憾的是，就在最近，北师大数学史这个硕士点被教育部取消了。

你可以想象在数学学院做数学史的尴尬，都是数学学院的同行，其他教研室研究的都是最新、最牛的二级学科，什么流型、拓扑、数论之类的，这帮人研究什么呢？研究《九章算经》《九章算术》《周易算经》，琢磨这个玩意儿，大家根本就没法在一起玩儿。很显然，他们的同行不在数学学院，但是他们的建制化位置在那里。我们在哲学学院也有类似的尴尬，当然没有那么严重。比如，我的一部分工作是科学社会学，可是科学社会学是社会学的二级学科，那我应该去社会学院教书。但是，我现在是在哲学系。我跟美学、逻辑学不一样，我搞的东西他们不关心，他们搞的东西我也不大关心，这是一个学术建制的问题。

"建制""建制化"是非常重要的概念，大家要充分地领会，"建制"就是给你设立一个学术领域，给你设立一个位置，给你设立教授名额，你在这可以招博士生，这叫作"建制化"。

当年邓正来（1956—2013）号称是民间学者，著述也很多，但是他没有建制化的位置，后来他被体制招安了，先是被吉林大学招安，后来被复旦大学招安，一受招安就有了位置，有了 title，就可以招博士生了。

没有那个位置就招不了博士生，这就是建制化的力量。你可以说自己很牛，别人也说你很牛，你可以开门办学，也可能有人来跟你学，但是你不能给学生授学位，就不大容易招到学生。

早期的科学家怎么做科学呢？比如达尔文（Charles Darwin，1809—1882），他就是有钱，自己家里有钱，还娶了一个比他更有钱的太太，一辈子衣食无忧，想玩什么玩什么，他不需要社会建制的支持就可以搞科学，但是达尔文也没有什么学生，因为他没有建制嘛！科学自身有一个建制化的过程，科学史当然也有一个建制化的过程。

所以，在中国这一拨儿人马遭遇的问题和我们类似，就是在建制上一直没有二级学科。

现在我们再说科学技术哲学。我们自然辩证法与西方学界终于接上轨了，接上了科学技术哲学，接上之后发现，科学哲学在美国是一个很小的学科，小到很多大学没有人做科学哲学。而中国的自然辩证法是一个很大的学科，比科学史大多了，能大到一千倍。因为在很长时间里，做科学史的就只有研究所里的一些人，像数学系的白先生，整个体量很小。

可是自然辩证法不得了，"自然辩证法"曾经是理工科研究生的必修课，虽然这门课现在只剩下三分之一了，但仍然有一个建制化的位置。你想，作为理工科研究生的必修课，一个高校只要有理工科的研究生，就要有几个教自然辩证法的老师，如果学校大、学生多，得有很多老师，才能够上得好这门课。所以自然辩证法有一支非常庞大的队伍。

而且关键是，哲学指导科学的这个说法现在也不怎么被接受了。大家知道费曼（Richard Phillips Feynman，1918—1988）怎么说科学哲学吗？他说科学哲学对于科学家来说，就好像鸟类学对于鸟来说一样，鸟根本不需要识字它自己就会飞了，我们科学家根本不需要看什么科学哲学那些书，那跟我们一点儿关系没有。所以，用自然辩证法来指导自然科学的发展，理工科生必修，这套说辞不被接受了。因此，这个结果也很正常，弄不好剩下这三分之一很快也就没有了。

由此一来，就出现一个问题，这个学科的出路在哪儿？这么一支庞大的队伍怎么办？全都搞科学哲学，科学哲学不需要那么多人。吴国盛教授认为，转向科学史是一个非常好的出路。

科学史是一个受众面更广的公共课。半个世纪之前斯诺所说的人文与科学两种文化的分裂依然存在，并且还在加剧。弥合两种文化的裂痕，让两种文化相互了解，科学史是一座重要的桥梁。

5. 美国的科学史队伍，以及STS

在美国，哲学本身就是一个小学科，哲学系是一个小系，也不是每个大学都有哲学系。然后,科学哲学在哲学系里面又是很小的,很不成气候,没有多少人。但是,在美国有一个很庞大的学科叫科学史,科学史在哈佛有一个独立的系,叫作 Department of History of Science,另外还有一个历史系(Department of History)。在哈佛,科学史系和历史系是平行的,美国有好几个学校采用的是这种建制。

当然,在大多数高校,比如在加州大学伯克利分校,历史系是一个很大的系,比哲学系大多了,你进入伯克利的网站去看,做历史的人远远比做哲学的人多。在这个大的历史系中,有一些教授从事科学史方面的研究。比如,有人研究中世纪的某一段炼金术、化学之类的历史,那就是科学史。相对来说,这个队伍比科学哲学要大。我不知道美国人的学术划分是怎样的玩儿法,很多人的兴趣也都相对广泛,不是说做科学史就只做科学史,别的就不关心了。更大的可能是他关心某一时段的历史,综合性的,有科

哈佛大学科学中心(作者摄于2013年11月30日)位于哈佛园北门外,哈佛大学科学史系就在该楼的三层和四层。楼内还有一个科学史仪器博物馆,分别在一楼和三楼有展厅,由科学史系代管

学的也有别的。比如，意大利中世纪的一段历史，宗教、科学、艺术，各种因素都在一起。

美国有一个很庞大的机构叫作 History of Science Society（HSS），大家看出什么问题了吗？你看看我们的机构，叫中国科学院自然科学史研究所，叫中国科学技术史研究会，叫中国自然辩证法研究会，还有一些组织比如国际什么什么会，我们的机构前面通常有一个限定词，美国没有，它不叫"美国科学史学会"，也不叫"国际科学史学会"，就叫"科学史学会"。它的会员当然是以美国人为主，但实际上它是一个国际性的组织，我还做过它好几年的会员，做会员特别简单——交会费。它是每年开一次年会，会员的会务费低一点。如果哪一年我想去开会，就注册一下，成为会员，再去开年会。当会员还有一个好处：送杂志，就是萨顿创办的《伊西斯》，美国科学史领域最著名的刊物。

科学史学会的年会特别庞大，参会人数动辄几百，乃至上千，分几十个小组，开好几天。它每两年和科学哲学学会的双年会一起开。美国的科学哲学学会不独立开年会，隔一年一开，跟科学史学会的年会捆绑在一起。会议总目录让人印象深刻。科学史有几十个小组，好多页，特别厚；科学哲学也就十几二十几个，比较薄。在我的印象里，如果说科学史有10页的话，科学哲学大概也就两三页的样子，而且还是两年一次。所以，从这里就可以看出：在美国，科学哲学学者和科学史学者在数量上的差距是如何之大。

在美国，科学史与STS的关系也比较近。我2006年在伯克利分校访问的机构叫作科学技术史办公室（The Office for the History of Science and Technology），这个名字直接翻译成中文很别扭，但如果翻译成科学技术史中心，就毫无问题了。这座中心是一个联络机构，中心网站上有很多教授，大多是历史系的教授，还有一部分在人类学系、社会学系，也有几位是外校的。中心虽然是虚体，但有一个办公室，一个大阅览室，有博士项目，也有来自世界各地的访问学者。后来，这个中心与伯克利分校的科学技术元勘项目和医学人类学项目联合组建成科学、技术、医学与社会研究中心（The Center for Science, Technology, Medicine and Society），这是一个大号的STS，与我们的自然辩证法非常像。

康奈尔大学那个独立的STS系最初是由科学家提议创建，并热衷参与的。随着科学史从内史扩展到外史，与STS之间的界限越来越模糊了。

6. 科学史的传统：萨顿与李约瑟

早期的科学史大多是科学家写的科学史。可以想象的，大致有这样两个来源。

其一，作为科学活动的一部分。

这又包括两种可能性。一个是出于教学目的，武林大师向弟子传授本门功夫，总是要讲讲本门的创派祖师、历代高手以及本门的光辉事迹——当然其中不乏虚构和比附，科学的传承也与此类似。

另一个是论证优先权的需要。科学活动只认第一，不认第二。优先权从牛顿时代就至关重要。最初是为了荣誉，当科学活动建制化之后，就直接关系到切身利益。如何能够证明你是第一个？那就需要做一点儿科学史。现在学位论文有一个格式化的要求，叫作文献综述。论文作者需要对所要讨论问题的历史进行简短的梳理，这个问题关系到哪些方面，前人和同行做了哪些工作，你做了哪些别人没有做过的工作。这相当于一个简单的学科史。孟德尔被追认为遗传学之父，也是因为那几位重新发现的科学家在做文献综述的时候发现了他。

其二，一些具有人文情怀的科学家，在晚年的时候，退出科研活动第一线，有闲暇和热情去整理本学科的发展历程，这就是科学史。哪怕他们写个人回忆录，也成为科学史的一部分。

现在人们公认的最早的综合性科学史著作可以追溯到1837年《归纳科学的历史》（History of the Inductive Sciences），作者是英国的威廉·惠威尔

（William Whewell，1794—1866）。惠威尔这个名字不大好读，在国内有很多种译法，另外一种常见的叫休厄尔，还有一种民国译法胡威立。惠威尔是那个时代的综合性学者，做过剑桥三一学院的院长，后世称他为科学家，其实他还是哲学家、神学家。所以他这部《归纳科学的历史》，既可以说是科学家的科学史，也可以说是哲学－历史学者的科学史。[1]

由于那时各学科的专业化程度还不高，还能出现跨越不同领域的全才。随着学科分化越来越大，专业化程度越来越高，这样的通才越来越罕见了。不过，欧洲和美国都主张通识教育，在中学阶段并没有文理分科，到了大学阶段，文理之间仍然没有严格的界限。主修科学专业的学生，也被要求修满足够的人文课程的学分。同样，主修人文学科的学生，也必须修满足够的科学板块的学分。这样一来，科学家也具有比较好的人文素养。

现在欧美学界公认的科学史创始人是乔治·萨顿。萨顿是比利时人，在比利时根特大学读化学，他的一篇化学论文获得过根特大学的金奖。1911年，萨顿获得了根特大学的数学博士学位。所以，萨顿也算是一位科学家。萨顿本人对科学史情有独钟，1912年独自创办了第一份科学史杂志《伊西斯》，1913年正式出版。"一战"期间，萨顿移居美国。他在哈佛大学获得了一个薪水很低的讲师职位，讲授科学史。后来，他又在位于华盛顿的卡内基研究所（Carnegie Institution of Washington）获得了一个职位。萨顿不想放弃在哈佛教科学史的机会，哈佛又不想给萨顿付足薪水，萨顿就一直两面兼职，奔走在麻省剑桥与首府华盛顿之间。一边按照他的庞大的科学史计划进行写作，一边编辑《伊西斯》，时常要用自己的薪水补贴杂志。直到二十年后，1940年，萨顿终于获得了哈佛的教授职位，成为哈佛的第一位科学史教授。

---

[1] 吴国盛在《科学思想史指南》一书的序言里对科学史有过一个总结。他说在科学史的前史阶段，职业科学史家尚未出现的时候，非职业写作科学史的来自两个阵营，一是科学家的阵营，一是哲学－历史学家阵营，后者可以追溯到培根。详见吴国盛主编，《科学思想史指南》，四川教育出版社，1994年，"编者前言"第5页。

萨顿有一个庞大的编年科学史计划，要写1900年之前的全部科学史，计划全书九卷。不过，在他生前只完成了两卷，《希腊黄金时代的古代科学》和《希腊化时期的科学与文化》，生前仅出版了第一卷。

所谓编年史，就是逐年编写大事记。科学史的编年史，当然就是从古文献里找出可以被称为科学的人和事，编系起来。

基本上，任何一种历史都是从编年史开始的。编年史相当于把史料按时间次序排列起来。编年史的工作，为其他形式的编史方案提供了很好的基础。

萨顿与李约瑟倒是有很多可比较之处。虽然，库恩是把萨顿归类到哲学–历史传统的科学史家，但是萨顿本人是受过严格的科学训练的，我们可以说他是有科学素养的人文学者，但如果说他是有人文情怀的科学家，也能说得通。而李约瑟原本是生物学家，当然他也有人文情怀。

李约瑟也有一个宏大的编史计划，同样，在他活着的时候，也没有完成。当然，比萨顿幸运的是，李约瑟的工作有一支庞大的队伍继承着。而萨顿，虽然被封为科学史的祖师爷，但他的编史纲领则被后来的思想史和社会史取代了，他的工作也没有人接续了。

当然，他们之间也存在着巨大的差异，那就是研究对象。虽然，他们两位都是从古文献中寻找能够被视为现代科学的内容，按时间次序连缀起来。但是，萨顿是在科学自身的历史中寻找史料，而李约瑟则是在科学的历史之外，寻找相当于科学的史料。简单地说，萨顿追溯现代化学的历史，追溯到炼金术，炼金术的确是现代化学的前身，两者存在历史的关系，就是毛毛虫与蝴蝶，虽然看起来外形差异很大，但是有血缘关系。李约瑟所研究的中国道家炼丹术，看起来与炼金术很像，也是用各种瓶瓶罐罐，琢磨物质之间相互转化的关系。但是，炼丹术与现代化学没有血缘关系。

所以，同样称自己是科学史，在研究范式上也有相似之处，但是李约瑟传统与萨顿传统几乎不是同一个东西。实际上，在很长的时间里，欧美科学史领域的学者并不认为李约瑟是科学史同行，他们认为李约瑟做的是

李约瑟在剑桥大学他的办公室里，Kognos 摄于1965年12月31日
Creative Commons

汉学（sinology）。汉学与科学史，那的确是两个相距甚远的领域。

过了很多年之后，两支队伍开始发生了关联，李约瑟的工作也被欧美科学史主流所接纳，当然它是这个主流的一个小旁支。

李约瑟的庞大计划，我们翻译成《中国科学技术史》，其实它的英文名字是 Science and Civilisation in China（直译则为《中国的科学与文明》）。这个计划分成十几卷，雄心勃勃，要对中国与东亚及相关的材料彻底打捞一遍。李约瑟组建了一支庞大的队伍，一直到李约瑟去世，这支队伍还在运行着。

李约瑟之后，在科学史领域做中国问题的学者中，席文（Nathan Sivin）教授被认为是最重要的人物。席文在20世纪60年代初期曾经在台北学习汉语和中国哲学，然后去新加坡学习中国的炼金术，1966年在哈佛大学科学史系获得博士学位。后来任宾夕法尼亚大学历史与科技社会学系中国文化与科学史教授。从其学术经历来看，席文的中国科学史研究显然不是李约瑟的范式。

席文与李约瑟研究所关系密切。他多次访问剑桥,是李约瑟巨著第六卷《生物学和生物技术》第六部分《医学》的主编。这个第六卷的第六部分在2000年4月出版,16开,有280页之多。[1] 由此可以想象,李约瑟的全部计划如果出版,要有多少。

7. 科学史的分流与合流

萨顿的编史学范式并没有持续很久,就出现了其他编史纲领的科学史。

一个是社会史,开创者是罗伯特·默顿。前面在讲科学哲学谱系的时候,已经说到他了。他在1938年出版的名著《十七世纪英格兰的科学、技术与社会》开创了科学社会学,同时也开创了另一种科学史的写法——科学社会史。

多年以前,我在上研究生课的时候,有一位学生张志伟在讨论时说过一句话,非常准确,他说:本来以为科学社会学研究的是科学对社会的影响,可是看了书之后,才发现科学社会学讨论的是社会对科学的影响。

科学社会学讨论的是社会对科学的影响。默顿描写的是在17世纪的英格兰,社会是怎么样影响科学的。这当然就是科学史。

另一个是思想史,先行者是俄国学者亚历山大·柯瓦雷(Alexandre Koyré, 1892—1964)。柯瓦雷从俄国到了德国,又到了法国。他早年曾跟胡塞尔(Edmund Husserl, 1859—1938)学现象学,跟希尔伯特(David Hilbert, 1862—1943)学数学,还曾跟柏格森(Henri Bergson, 1859—1941)学哲学。柯瓦雷原本研究宗教思想史,后来在翻译哥白尼《天球运行论》的时候,开始关注科学,进而研究科学思想的源流,成为科学思想

---

[1] Joseph Needham (Author), Nathan Sivin (Editor), Lu Gwei-Djen (Contributor), *Science and Civilisation in China*, Volume 6, *Biology and Biological Technology*, Part 6, Medicine, Cambridge University Press, 1 edition (April 13, 2000).

史的开创者。

从柯瓦雷的学术资源上看,他首先是一个哲学家。所以毫不奇怪,他是科学哲学的学者,更关心科学思想史,科学思想史也是科学哲学的一个研究方向。

所谓天下大势,分分合合。这些不同的科学史后来在哈佛会合了。同在哈佛,默顿也受到了萨顿的影响,并曾与萨顿一同工作。柯瓦雷在"二战"期间来到了美国,后来任教于普林斯顿,也在哈佛、耶鲁和芝加哥大学兼职。1961年,他还获得了科学史学会的萨顿奖章,这是科学史领域的最高奖。

准确地说,由于科学及其技术在社会生活中的地位越来越重要,必然引起人文学科和社会科学学科的关注,就有了对于科学的文化研究和社会研究等各种二阶研究。除了前面所说的社会学进路、思想史进路,还有人类学进路、历史学进路,进而,政治学、经济学、管理学等领域的学者也都开始研究科学活动中的相关政治、经济和管理问题。

在人们的印象里,人类学关注的对象应该是原始部落。传统的人类学也的确如此。但是现代人类学则把视野投向所有领域。在伯克利人类学系,有非常多的学者关于科学、技术、医学、现代化和全球化的问题,以及科学传播的问题。他们的很多工作,都可以视为科学史、技术史和医学史。

比如伯克利著名的人类学家保罗·拉比诺(Paul Rabinow)在1996年出版的《制造PCR:一个生物技术的故事》(*Making PCR : A Story of Biotechnology*)[1]。以一个人类学家对PCR聚合酶链式反应这种生物技术进行了人类学的研究。但是,这同时也可以视为一种关于PCR的科学史。如果视为科学史,那就可以认为它是人类学编史纲领的科学史。

所谓历史学进路,就是传统的历史学家也把目光转向了科学。他们以历史学家的眼光关注某些科学家或者科学事件,这当然也是科学史。

---

[1] 此书有中译本,朱玉贤译,上海科技教育出版社,1998年。

之所以要强调这一点，那是因为，无论萨顿、默顿、柯瓦雷，还是李约瑟，他们的大学教育背景，都不是历史学，而是某种自然科学学科。中国早期的科学史家亦然。

这个现象耐人寻味，无论中西，一来科学史不是由历史学家开创的，二来科学史的创始人并没有受过严格的史学训练。

即使在科学史建制化之后很久，科学史也是由科学家、社会学家、哲学家、人类学家等人书写的。直到很晚之后，才有历史学家参与进来。

在科学史的历史上，还曾有"内史"与"外史"之分。不过现在，已经不大讨论这个问题了。科学曾被认为是超越性的知识体系，超越民族、超越文化、超越地域、超越国家，无论哪个民族，科学都会以同样的方式演进。那种关注科学自身源流的编史纲领被称为内史。内史与外史是相互定义的。类似于默顿这种讨论社会对科学影响的历史写法，则被称为外史。

在这个进路的科学史纷纷出现之后，这些科学史反过来也对建制化的科学史队伍产生了影响，进而，使得建制化科学史队伍中，出现了不同进路的科学史。有分流，又有合流。

中国科学院自然科学史所也在20世纪末从中国古代史中拓展出一些新的方向，诸如中国近现代科学史、西方科学史、技术史等。在刘钝所长任上，还开辟了科学文化方向。专门引进了袁江洋、方在庆等科学哲学－自然辩证法的博士，组建了专门的研究室，还创办了双月刊《科学文化评论》。

我的科学史学位论文方向与这个所的正统方向偏离得更远。我的导师陈久金先生有两个主要的研究领域：一个是科学史所的正统方向中国上古天文史，研究诸如"四分历"、《夏小正》等上古文献；另外一个方向是一朵奇葩，叫作"中国少数民族科学技术史"。这个学科的创始人是李迪（1927—2006）先生。李迪先生是东北人，学数学出身，20世纪50年代支援内蒙古自治区，到内蒙古师范学院（后来的内蒙古师范大学）任教，1957年就在该校开展数学史研究，开科学史课程。80年代，他与陈久金先生合作，倡导中国少数民族科学技术史的研究，组建了中国少数民族科技史学会,组织了系列国际会议。陈先生把中国各个少数民族的天文知识都整理了一遍。所谓三代以上人人皆知天文,每个民族都有自己的创世神话,也有自己对天的认知,关于天象、二十八星宿、五大行星、日食、月食这些东西的知识。有的民族的天文知识很系统,有的民族相对粗糙一点。比如藏族,藏族的历法是独立的,它有很多来自于印度,跟印度教直接相关;再比如阿拉伯的回历,穆斯林有独特的历法,受阿拉伯影响很大;还有一些民族,像朝鲜族、纳西族、壮族、彝族的天文知识,陈久金先生都做了梳理。

我觉得中国上古天文不适合我。我不是天文专业出身,那时对于研究古文献也没有兴趣,就选择了中国少数民族科技史这个领域,并很快确定了以纳西族作为研究对象。我很快就发现了另外一个问题,中国少数民族科技史在中国科技史的范式下根本没办法做。在这个范式下,科学史是什么呢?基本上是一个光荣榜,是一个排行榜。搞科学只有第一,没有第二,只有第一算是原创,只有第一才会成为研究对象。所以我们以往研究的都是相对于世界其他地区来说我们领先的,比如《周髀算经》《九章算术》,都有的可说,天文之类的就更不用说了。而中国各少数民族,按照西方科学的标准,能够找得出中国第一的都不多,更何况世界第一。所以我决定向人类学靠拢,把中国少数民族科学史做成以宇宙观、自然观、传统技术和生存方式为对象的人类学研究。

8. 中国科学史的学术地理

20世纪,在中国科学院自然科学史研究所这个国家队之外,高校里只有很少的、零散的科学技术史研究和教学,大多以研究所的形态存在。

1999年3月9日,江晓原教授在上海交通大学创建的"科学史与科学哲学系"正式挂牌,打破了这一局面。江晓原对此非常自豪,这是中国高校的第一个科学史系。2012年,该系从交大人文学院中独立出来,升格成为科学史与科学文化研究院。江晓原教授是席泽宗的大弟子,是中国第一个天文学史的博士。此后不断有高校随之创建"科学史与某某"系。

中国科技大学的"科技史与科技考古系"也是在1999年3月成立的,几天之差,未能成为第一。交大科学史系是白手起家,而科大这个系则有深厚的根基。1980年,在著名物理学家钱临照院士的建议下,中科大建立了自然科学史研究室,首任室主任由钱临照先生亲自担任。[1] 钱临照院士也是一位有人文情怀,尤其是有科学史情怀的科学家。他当时是中科大的副校长。以副校长来兼一个室主任,就大大提升了中科大科学史的"级别"。第二位室主任也是一位著名的院士,一位副校长。中国科学技术史学会在1980年成立,钱临照是首任理事长。中国科大的这个系是由原来的自然科学史研究室和科技考古研究室联合而成的,隶属于"人文与社会科学学院"。第一任主任由当时的校长朱清时兼任,级别依然高。第二任系主任也请了科学史领域的重量级人物刘钝教授,自2005年至今。刘钝先生曾任中科院自然科学史所所长、中国科学技术史学会理事长、国际东亚科学技术与医学史学会主席、国际科学史学会主席等职。

内蒙古师范大学的"科学史与科技管理系"是在2001年成立的,它的前身是李迪先生领导的数学史和中国少数民族科技史的队伍。2009年,升格为科学技术研究院。

北京科技大学有一支很强的技术史队伍。1982年,其前身北京钢铁学院成立了校级的北京钢铁学院冶金史研究室,这个研究室的前身是1974年在"评法批儒"中成立的"北京钢铁学院冶金史组",主要工作是编写《中国冶金史》,负责人柯俊(1917—2017)教授后来成为中国工程院院士,是技术史领域唯一的一位院士。1995年,在冶金史研究室的基础上,成立了北京科技大学冶金及材料史研究所。2004年,演化为"北京科技大学科

---

[1] 参见中国科学技术大学科技史与科技考古系官方网站:http://hsta.ustc.edu.cn/2016/0704/c2786a21111/page.htm。

学技术与文明研究中心"。2014年，成为北京科技大学科技史与文化遗产研究院。[1]

2015年，前身为南京气象学院的南京信息工程大学（南信大）成立了科学技术史研究院，第一任院长是原北京科技大学科技史与文化遗产研究院的李晓岑教授。李晓岑是云南人，白族，他的学术经历简直可以作为范式融合的象征。他是20世纪80年代中国科技大学的物理系本科生，其后在中国科大的科学史研究室读硕士。硕士毕业后回云南，在云南社科院历史所工作，致力于中国科技史和中国少数民族科技史，他的成名作《白族的科技与文明》模仿了李约瑟的书名。他对传统手工造纸、青铜器等有很深的研究。尤其是手工造纸，确立了浇纸法和抄纸法的不同，确认浇纸法更加古老，诞生于西汉之前。中国人普遍接受造纸业祖师爷东汉蔡伦，只是抄纸法的发明者或改进者。他澄清了这个行业的源头问题。我在云南丽江做纳西族调研期间，曾邀请他加盟我组建的考察队，做学术顾问。此后，李晓岑放弃了云南社科院的工作，考入北京科技大学的技术史专业，随柯俊院士读博士。南信大科学技术史的渊源是1983年成立的中国气象史研究会。南信大拥有大气科学一级学科博士点，以此为依托，南信大科技史就有了两个二级学科博士点：气象科技史、气象科技与社会。从李晓岑的经历中，可以看到科学史的分流与合流。

2015年，中国科学院自然科学史研究所孙小淳、袁江洋、王扬宗等28位研究人员移驾中国科学院大学（简称国科大）人文学院，与国科大原来的队伍重组，建立了国科大科学技术史系。原中国科学院科学史所副所长孙小淳成为国科大人文学院院长，袁江洋任历史系主任，王扬宗任科学史系主任。这是中国科学史学术地理的一次重大变化。

2017年6月30日，清华大学科学史系正式挂牌，创系系主任吴国盛教授自豪地说，这是中国第一个纯粹的"科学史系"。北京大学哲学系科学

---

[1] 参见北京科技大学科技史与文化遗产研究院官方网站：http://ihmm.ustb.edu.cn/yanjiuyuan/。

思想史的一个学派转移到了清华大学。2018年7月，清华的STS，清华大学科学技术与社会研究中心并入清华大学科学史系，两种不同范式的对于科学的二阶研究制度性地合流。

2019年4月26日，北京大学科学技术与医学史系揭牌，首任系主任为韩启德院士。

在科学哲学这个名字下做科学史，非常早的是吴国盛教授。吴国盛15岁上大学，在北大空间物理系读本科，随后读自然辩证法硕士，毕业后分配到社科院自然辩证法研究室工作。后来在社科院读在职博士，导师是著名哲学家叶秀山（1935—2016）先生，专业属于西方哲学。1998年，在社科院破格提升为研究员，同年回到北京大学，主持那里的科学哲学专业。

吴国盛的博士学位论文是《希腊空间概念》，这当然是一个西方哲学的经典问题，同时也具有科学思想史的意味。吴国盛是国内学界最早关心科学思想史的学者。1994年，他主编了《科学思想史指南》。在序言中，他表现了建设科学思想史学科的宏愿。吴国盛本人也曾颇为自豪地说过，中国第一本关于科学思想史的著作，是他作为哲学（自然辩证法－科学技术哲学或者西方哲学）从业者编辑的。而当时国内科学史领域的学者，对此话题并不感兴趣。

1996年，经由著名出版人李永平策划，吴国盛出版了《科学的历程》。这本书给他带来了巨大的社会影响。这是当时绝无仅有的图文并茂的科学史著作。

在吴国盛转任北京大学之后，一直在科哲专业招收科学思想史方向的博士，选题方向大多是西方科学史上的一些经典问题，其学术范式与柯瓦雷更为接近。吴国盛要求他的学生学希腊语、拉丁语，读原始文献。看他们学位论文的参考文献，大多数是外文文献，中文文献反而很少。在某种意义上，他们是以国际学者的身份在进行某个西方问题的研究。

2006年，刘华杰升任教授之后，北京大学哲学系就出现了另外一个科学史分支——博物学史。刘华杰在北京大学地质系读本科，在中国人民大学读自然辩证法-科学技术哲学的硕士、博士，毕业后在北京大学科学与社会研究中心任职，这是一个兼具自然辩证法和STS性质的机构。2000年，转入北京大学哲学系科学技术哲学教研室。2004年，北京大学科社中心与哲学系科哲教研室完成了实质性的合并。刘华杰研究的领域非常多样，他的博士学位论文是关于混沌理论的，他不但能够进行二阶研究，还能进行一阶研究——通过计算机编程生成混沌图案。在中国科学传播理论的建构过程中，他是开创者之一，他提出的立场说，是这个理论走向成熟的转折点。博物学原本是他的爱好，后来变成了专业研究的对象。他的博士生完全投入到博物学史的工作上来，对林奈、约翰·雷、班克斯等西方重要博物学家进行历史梳理。刘华杰开创了一种新的范式，不同于萨顿、李约瑟，也不同于柯瓦雷、默顿，他称之为博物学编史纲领。

可以说，在北京大学哲学系，曾经存在两个科学史学派，可称为吴国盛学派和刘华杰学派。

当然，现在吴国盛学派已经转移到了清华大学，终于在科学史系从事科学思想史了。

9. 科学史基础读物推荐

大家了解科学史，学习科学史，将来要从事科学史的研究，需要具备一定的基础。这一节给大家推荐一些读物。一个学期读不完，以后慢慢读。尤其是一些经典，要当作工具书，反复读。

第一个是丹皮尔的《科学史，及其与哲学和宗教的关系》。这本书大家应该都读过，它是很多学校的考研必读书。这本书虽然已经比较老了，但它是经典。经典，就意味着需要反复阅读。在大多数中国学者不能直接读外文的时候，也就是说，诸位的上一代学者，除了丹皮尔，几乎没有科学史可读。所以读丹皮尔，对于诸位了解上一代学者的思想，也是有帮助的。

我目前强烈推荐的还有麦克莱伦第三的著作，初版名为《世界史上的科学技术》，再版改名《世界科学技术通史》。这本书我已经介绍很多，就不多说了。

不过，我可以给大家留一个作业：对丹皮尔和麦克莱伦第三做个比较。我不先要求大家通读全书，每个人可以按照自己的兴趣读，大家各自选感兴趣的章节。两个人叙述的时间段基本上是重合的，都从史前写到"二战"前后。大家随便选择一个片段，人物也好，事件也好，看看对于同样一段历史，丹皮尔和麦克莱伦第三的写法有什么不同？比如叙事方式、措辞、评价、篇幅等，做一个比较，写一篇分析文章。先叙述他们之间的差异，再分析一下或者猜一下其中的原因。

我重点推荐大家读的第三本书是江晓原的《天学真原》，这本书前几年出了第二版。这是一本非常重要的著作，我从三个方面推荐它：

第一，最直观的层面，它的叙事方式特别好，我曾经写过书评，说江晓原的这本《天学真原》写得像侦探小说一样好看，可以作为科学史研究和写作的范例。

第二，这是一部关于中国科学史的著作，它体现了江晓原在编史纲领上与传统的中国天文史范式的分歧和差异。

第三，也是我经常讲的，我们并不因为我们自己是中国人，就自动地对中国的传统、中国的文化有更深的了解。我们的中小学教育用的都是西式的教材，我们是喝着西方思想的奶水长大的。大家考试的时候都知道有《尚书》，能写出一大堆它的价值和意义，可是有多少人读过《尚书》？我第一次读《尚书》，是在加州伯克利跟戴梅可（Michael Nylan）教授，一位美国白人女性读的。她是研究中国历史的，是扬雄专家。她在伯克利开了一门中国经典课程，我第一次读《尚书》，就是在她的课堂上，与一帮老外一起。

我们与我们自己的传统已经断了很久，很多说法是似是而非的，"缺省配置"多有流俗之见。比如关于天文，为什么我们有连续两千年的天文观测记录,为什么中国古代的天文学这么发达?对此,"缺省配置"的标准答案是:因为我们是农业国,需要精确的历法指导农业生产。这些话连中小学生都会说。这套解释体系在江晓原这本书里全部被颠覆了。江晓原给我们呈现的是一个关于我们自己传统、历史的新的说法,这些说法,在我看来,应该成为新的常识。

大家已经到了博士阶段,尤其是像我们在这个专业做研究,关于自身传统的常识如果不更新的话,我觉得是不合适的、不够恰当的。所以要读《天学真原》,应该从这三种意义上来读。

其余书籍,我先列一个书单,做个简单的说明。

(1)史蒂文·夏平,《科学革命:批判性的综合》,徐国强等译,上海科技教育出版社,2004年。夏平是SSK的重要人物,擅长做跨学科综合性研究。看书名是讲"科学革命"的,其实是解构科学革命的。全书开篇一句竟然是"根本不存在唯一确定的科学革命这回事"。夏平还有一部重要的科学史著作《利维坦与空气泵》,它也有中译本,但专业性非常强,就不推荐了。

(2)林德伯格(David C. Lindberg,1935—2015)著,《西方科学的起源》,这本书的专业性相对强一些。这本书有两个中译本。其一为张卜天译,湖南科学技术出版社,2013年;其二为王珺等译,中国对外翻译出版公司,2001年。目前容易找到的是张卜天的译本。湖南科技出版社有一套"科学源流丛书",十几种,都是重要的科学史著作,译者都是张卜天。

(3)劳埃德(G. E. R. Lloyd),《早期希腊科学:从泰勒斯到亚里士多德》,孙小淳译,上海科技教育出版社,2004年。劳埃德是剑桥大学科学史教授,与中国学者交往密切,曾在中科院科学史所开课。

(4)皮克斯通(John V. Pickstone),《认识方式:一种新的科学、技术和医学史》,陈朝勇译,上海科技教育出版社,2008年。刘华杰对此书比较推崇,认为它提供了一个新的范式。

(5)卡洛琳·麦茜特(Carolyn Merchant),《自然之死:妇女、生态和科学革命》，吴国盛译，吉林人民出版社，1999年。这是女性主义科学史的代表作，一部不同于常见科学史的科学史，是当年吴国盛主编的"绿色经典文库"之一种。责任编辑范春萍先学物理，后学自然辩证法-科学技术哲学，现在是北京理工大学教授。

（6）江晓原主编，《科学史十五讲》，北京大学出版社，2006年。这是江晓原主编的一部科学史讲义，参与者还有交大科学史系的其他教授，如关增建教授、纪志刚教授、钮卫星教授等。

（7）江晓原，《科学外史》《科学外史Ⅱ》，复旦大学出版社，2013年，2014年。这套书是江晓原教授发表在报刊之上的一些文章辑纳而成，它们或对"正史"的某些观念构成了挑战，或在"正史"的缝隙中挖掘一些有趣的细节，文章深入浅出，信息量丰富，好看耐读。

（8）吴国盛，《科学的历程》，这本书至少已经有三个版本了，重印不计其数。20世纪时几乎是唯一一部国人原创的科学通史。每次再版，吴国盛都对文字和图片进行校对、增删和改写。在科学史读物众多的今天，仍然是一部资料性强、有作者个性和观点的著作。

（9）吴国盛，《什么是科学》，广东人民出版社，2016年。这是吴国盛教授的新著，可以算是科学史，也可以算是科学哲学。

（10）刘华杰，《从博物的观点看》，上海科技文献出版社，2016年。刘华杰关于博物的文章非常多，书也非常多。这是一本小册子，简单易读，窥一斑而知全豹，能够感受一下什么是博物学，怎么样从博物的观点看问题。书名模仿了奎恩《从逻辑的观点看》。如果要深入了解刘华杰的博物学编史纲领，则可以看《博物学文化与编史》（上海交通大学出版社，2014年），这本书就厚得多了。

（11）刘兵，《克里奥眼中的科学：科学编史学初论》，上海科技教育出版社，2009年。这本书第一版是山东教育出版社1996年出版的。这是国内学者第一部研究科学编史学的著作，刘兵教授是国内第一位研究科学史编史学的学者。

（12）钮卫星、江晓原主编，《科学史读本》，上海交通大学出版社，2008年。读本是国外高校通行的一种教材，把重要的文章和书籍片段辑纳在一本书中，让学生能够对本领域的重要作者和观点迅速获得一个概况性的了解，它也具有学术地图的意义。

现在科学史的读物已经非常多了，上面推荐的这些，基本上我自己是读过而且深感受益的。

课堂讨论片段X

田老师：博士生的课我觉得主要应该以讨论为主，集中讨论，这是第一次课，书都没有读也没法讨论，所以第一次课我讲得多一点。我先整理个框架，大家知道自己是在一个什么样的位置上，在做什么样的事情。我画一个大概的地图。

进入博士阶段，我们的角色要有所变化，其实硕士阶段也是一样的。我们是来学知识的，要学习一个什么样的知识？学习正确的、光辉的、厉害的那个东西，掌握他们的理论？不是的，我们是来研究的。博士研究生、硕士研究生是在研究一个东西，不是说一个现成的东西等在那里，等我们把它学会了。比如我们学习做一个轮子，做轮子挺复杂的，但这里是有一些既定的程序的，你把做轮子的技术学好了，你就出师了，就可以去做轮子了。我们不是干这个事的，不是说你把这些东西全都背下来了，一出师你就可以去干活了。我们要研究一件事情，很多事情并没有一个确切的、绝对的答案，我们的角色、身份是要讨论这件事情。我们不是小学生，也不用准备高考，不必把标准答案背下来。

学生（李亚娟）：老师，您说的"天算农医"，这个顺序是您自己排的，是按照它们的重要程度排的，还是说有什么其他定义？

田老师：大家都这样说吧！

学生（李亚娟）：我们习惯的说法是"农医天算"。

田老师：是吗？为什么是这个次序？

在我们传统的价值谱系里，"天"是最重要的，天学一直是官办的，天文学家是政府职员，是拿政府俸禄的，只有天文学家有这个位置，其他的都没有；然后"算"是什么？"算"是非常基础的、工具性的，它的运用非常广泛。"天"有意识形态意义，具有意识形态的高度，是最高的，"算"是一个实用的技术，而且是最 universal 的技术。"农"也好、"医"也好，都会用到"算"，当然"天"也会用到"算"。"算"是一种"术"，所以我们以前不叫数学，叫算术。按中国的层次，术法道，"道"是最高的，"术"是"形而下者"，"谓之器"，并不是很重要的。但是"算术"则不然，它的最高境界是"算命""算天命"，又和"天"合到一起了。唐代的两位神人，袁天罡和李淳风，都是天学家，也都是算学家，还都是"算命"大师。

然后是"农"，中国传统社会重农轻商，士农工商，农民的社会地位仅次于知识分子，比工匠和商人都高。"医"放在最后，它是不同的门类。

在我的印象里，从来都是这样说的，我不知道是谁最先说的，也不知道还有别的说法。当然也可能我是被误导了。或者我们接触的来源不同。你把"农"放在前面，在中国的社会环境下，也有道理。

我这节课讲的是一个框架、一个脉络、一个地图，这很重要。这也可以帮助大家养成一个习惯，在进入一个新领域的时候，迅速建立一个学术地图，你就知道你自己的位置，就不会蒙了。你也知道你的邻居是谁，同行是谁。就像我以前到一个陌生的城市，出于本能，我做的第一件事就是买一张当地地图，马上找到我在这个地图里的位置，火车站也好，机场也好，然后找到我要去的地方，马上建立起方位关系。同时也我知道了这个城市与北京的方位关系，我就知道我在什么位置了，就有了安全感。

10. 走出科学史，走向文明史

虽然科学史已经建制化了，国内大学也纷纷成立系、院的建制，但是，并没有一个标准的科学史模式，也没有一个固定的科学史。科学史自身是在变化中的。

如前所述，理论上，一切以科学为对象的二阶研究，都具有科学史的属性。科学史是一个庞大的江湖，有松散的联盟，也有游兵散勇。既有有名分的科学史，也有没有名分的科学史。

如前所述，由于历史和现实的原因，中国的科学史学者，无论出身于专业科学史机构，还是来自哲学系和 STS 机构，都没有经过系统的史学训练；而历史学领域的学者不愿、不敢、不能碰科学史，这种局面也在无意识中慢慢打破。

扩展中的中国科学史已经走出国门，与欧美的科学史有着越来越多的交往，在欧美获得科学史学位的青年学者也有人回国谋职。中国的科学史与历史学的交流虽然极为有限，但也在慢慢展开。这是一个必然的趋势。就我有限的了解，刘华杰教授的博士生杨莎是北京大学历史系的硕士，来自历史系；吴国盛教授的博士生李文靖，去社科院世界史所做了博士后，并留所，走向历史学。

下面又要说到麦克莱伦第三这本书了。詹姆斯·麦克莱伦第三和哈罗德·多恩这本书的英文名字是 *Science and Technology in World History：An Introduction*，直译过来，就是《世界史上的科学技术》。所以2003年第一版这个书名是符合原文的。不过，这个名字似乎不符合中文习惯，有一点儿别扭。2007年，此书再版，更名为《世界科学技术通史》，就通顺多了，但"世界"二字，又有点儿多余。这个新书名呼应了国内科学史的扩展，也打破了丹皮尔对通史的长期垄断，深受欢迎。对于书的名字，我一直耿耿于怀。直到几年以后，我才忽然意识到，麦克莱伦第三写的根本不是"科学史"，而是"世界史"。

"世界史"是一种新的历史写法，是一种新的编史纲领。由于这个变化来自史学界，科学史学者并不是很熟悉。刘文明教授对此曾有过很好的介绍：

1963年，威廉·麦克尼尔的《西方的兴起》出版，被普遍认为是"新世界史"（全球史）兴起的一个重要标志……麦克尼尔从全球视野和互动视角来考察历史的做法，在经济全球化浪潮的推动下逐渐得到史学界的认可。[1]

这种世界史20世纪70年代从美国兴起，到了80年代，就成为大学里的一门分支学科。

大多数欧美学者认为，"世界史""新世界史""全球史"三个概念并无多大差异（而且它们经常被混用），都意味着一门区别于已有国别史和地区史的新学科，主要标识是以跨国家、跨地区、跨民族、跨文化的历史现象为研究对象，从广阔视野和互动视角来考察历史。20世纪90年代末，当这一史学观念传到我国时，一方面因为我国已有自己的"世界史"概念和学科，另一方面为了体现其新史学的特征，我国史学界一般称之为"全球史"。[2]

中国的历史学曾经有两个二级学科，中国历史和世界历史。其中的世界历史，其实不包括中国的外国国别史。到了2011年，这两个二级学科都升格为一级学科：中国历史和世界史。一部分中国的世界史学者接受了欧美的新世界史概念，主动从不包括中国的世界史转向了包括中国的世界史。

世界史或者全球史不是各个国别史的集合，而是把整个世界作为一个统一的单一的对象加以叙述，正如科学通史也不是各个学科史的集合。

在世界史的范式中，有一个分支，叫作环境史或者生态史。以往的历史不大关注环境，或者只是把环境作为背景。但是环境史中，环境则成为主角，不再是被动的。在环境史的代表著作中，有一部叫作《太阳底下的

---

[1] 刘文明，《全球史：新兴的历史学分支学科》，《人民日报》，2012年3月1日，理论版。
[2] 同上。

新鲜事：20世纪人与环境的全球互动》，作者约翰·麦克尼尔正是威廉·麦克尼尔的儿子，这也正好符合世界史与环境史之间的血缘关系。

从《世界史上的科学技术》到《世界科学技术通史》，中文书名的变更，既反映了国内科学史领域对历史学的陌生，也意味着国内历史学领域对科学史的疏离。据说此书的策划、出身于STS的潘涛博士，清楚科学史和世界史的差别，仍然从商业推广的角度，更改了书名。实际上，两位作者在序中明确表达了"从一种全球视角来审视科学与技术发展的想法"[1]。

缺什么，补什么。下一代的科学史学者需要扩展视野，有意识地打开大门，走出去，接触历史学，接触人类学，了解历史学家和人类学家对科学的研究。科学史需要获取新的资源、新的同盟。环境史便是一个非常恰当的对象。

萨顿认为科学史是文明史，李约瑟也把科学史当作文明史。虽然他们各自的理由不同。不过，在他们的时代，环境是被动的，是承载文明的稳定的舞台。而在环境史之后，环境从舞台变成了角色。如果说，在20世纪之前，环境的变迁就是自然的演化，与人类行为没有多少关系。那么，在20世纪之后，人类的行为在环境变化中已经扮演了重要的角色。这就是"人类世"这个概念所喻示的。人类的力量，已经达到了地质作用的量级。没有环境的科学史不是文明史，没有科学的环境史也不是文明史。环境史加上科学史，会成为一种新型的文明史。

未来的科学史学者需要了解世界史，了解环境史。所以我要给诸位推荐一些环境史的著作。

（1）奥尔多·利奥波德的名著 The Almanac of Sand County，这本书从1941年起就寻求出版，直到1948年4月17日，作者接到一个长途电话，牛津大学决定接受他的著作。但不幸的是，四天之后，作者就死在去救山火的路上。这本书被认为是生态思想的圣经，它本身不是环境史著作，不

---

[1] 麦克莱伦第三、哈罗德·多恩，《世界史上的科学技术》，中文版序。

过可以视为生态学著作,也是环境哲学著作。这是一部改变世界观的基础性读物,利奥波德则是一个被严重忽视的先知。这本书有很多中译本,名称各异。最经典的是《沙乡年鉴》,此外还有《沙郡年记》《沙乡的沉思》等。目前我推荐环境史家侯文蕙教授的译本。

(2)蕾切尔·卡逊,《寂静的春天》,这本书出版于1962年,作者在1964年去世。这是环境运动的圣经。它本身不是环境史著作,不过可以认为是生态学和环境哲学著作。它同样是改变世界观的基础性读物,中译本很多。

(3)约翰·麦克尼尔,《阳光下的新事物:20世纪世界环境史》,商务印书馆,2013年。另一个译本叫《太阳底下的新鲜事:20世纪人与环境的全球互动》,中信出版社,2017年。

(4)约阿希姆·拉德卡(Joachim Radkau),《自然与权力:世界环境史》,河北大学出版社,2004年。作者是德国比勒费尔德大学的现代史教授,该书从原始社会人与自然共生讲到农耕经济,再讲到大海航时代、工业革命,最后讲到全球化时代。译者王国豫教授在德国生活了很多年,译文应该可靠。王国豫本人的专业方向并不是做环境史,而是科技伦理,这个译本也表现了两个领域的交汇。

(5)克罗斯比(Alfred W. Crosby, 1931—2018)的名著 *Ecological Imperialism: The Biological Expansion of Europe, 900-1900*,这是全球史与环境史的完美结合,有两个中译本。其一为《生态扩张主义:欧洲900-1900年的生态扩张》,许友民译,辽宁教育出版社,2001年;其二为《生态帝国主义:欧洲的生物扩张,900—1900》,张谡过译,商务印书馆,2017年。

(6)唐纳德·沃斯特(Donald Worster)的两部著作,一部是《自然的经济体系:生态思想史》,商务印书馆,1999年。译者也是侯文蕙教授。顾名思义,这是一部思想史著作,也可以作为改变世界观的进阶读物。另一部是他的成名作《尘暴:1930年代美国南部大平原》,这是一部环境史的名著，讲20世纪30年代美国农业过度开发与美国中西部尘暴的关系，是一部一阶的环境史著作。

（7）唐纳德·休斯，《什么是环境史》，北京大学出版社，2008年。顾名思义，这是一部介绍环境史的著作，算是二阶的环境史。译者梅雪芹教授，是中国最早从事环境史的学者之一，她原本的专业是世界史，导师王觉非教授是英国史权威。梅雪芹教授曾经在北京师范大学历史系任教，现在在清华大学历史系任教。

（8）梅雪芹，《环境史研究叙论》，中国环境科学出版社，2011年。这也是一部二阶的环境史著作，比休斯的著作体量更大，内容更详尽。

（9）毛达，《海有崖岸：美国废弃物海洋处置活动研究》，中国环境科学出版社，2011年。毛达是梅雪芹教授的博士生，这本书原是毛达的博士学位论文，也是第一部中国人研究美国垃圾的著作。毛达在读博期间，曾经获得国家留学基金，前往休斯敦大学做访问学生，联合培养导师是马丁·梅洛西（Martin Melosi）教授。梅洛西教授也是环境史专家，他的博士学位论文 *Garbage in the Cities: Refuse, Reform and the Environment, 1880—1980* 研究的是纽约的垃圾，这是第一部人文学者的垃圾研究专著。不过，梅洛西教授的著作尚无中译本。我的学生王丽敏博士也曾前往休斯敦做梅洛西教授的访问学生，她的博士学位论文主题是医疗废弃物研究。

环境史研究早已形成一个庞大的谱系，学者不断深入每个国家和地区。对于中国的环境史研究也早有学者进行，其奠基之作是伊懋可（Hark Elvin）的《大象的退却：一部中国环境史》（江苏人民出版社，2014年），译者是梅雪芹、毛利霞、王玉山三位学者。

在中国自己的学术框架中，地理学有一个分支叫人文地理，与环境史有相似之处。人文地理还有一个双胞胎，叫历史地理。复旦便有著名的历史地理研究所。该所韩昭庆教授有一部《荒漠、水系、三角洲：中国环境史的区域研究》（上海科学技术文献出版社，2010年）可以推荐。

在科学史庞大的谱系中，也有一部分分支与环境史有交集，比如农史。

这里推荐严火其教授对哈尼族稻作农业的研究《哈尼人的世界与哈尼人的农业知识》（科学出版社，2015年）。

如果我们把视野再拓宽一下，我还要推荐生理学与生物学教授贾雷德·戴蒙德的两部著作。第一部是《枪炮、病菌和钢铁：人类社会的命运》（上海译文出版社，2006年）；第二部是《崩溃：社会是如何选择成败兴亡》（上海译文出版社，2008年）。这都是从全球视野，讨论人类、技术、生态、环境之间相互作用和共同演化的重要著作。

隔行如隔山，我并非环境史专家，以上推荐书目只是在我目力所及的范围，择取部分，供科学史读者扩充视野。如果请环境史家，比如梅雪芹教授推荐，可能有很大差异。如果这本小书能够再版，这个书目也会有所变更。

后 记

历时两年，这本小书终于可以付印了。

我的研究对象约翰·惠勒曾说：如果你想了解一个领域，最好的办法是写一本关于这个领域的书；如果你想写一本书，最好的办法是开一门课。惠勒是量子物理大师，但是他不懂广义相对论；于是在普林斯顿开了一门广义相对论课程，与几个学生共同研讨；几年后，他们一起出了一部《引力》，迅速成为美国高校热门的广义相对论教材。所谓见贤思齐，从善如流，我也不断地照猫画虎。只不过，我完成了前半截，开课；迟迟没有进行后半截，出书。我开课"物理学哲学"，已经十几轮了，至今没有出书。科学传播课开了十多年了，文章写了不少，没有出书。环境哲学课开了快十年，文章有一些，没有出书。还有庄子阅读，八九年了，时时有体会，有心得，但是连文章都没有写。曾经有过一个愿望，把本专业的基础课程诸如科学史、科学哲学、科学社会学全部讲一遍，借机回顾经典，点评先哲，却一直没有机会实现。科学史原本是我的主业，至少是之一。但直到2017年春季学期，才有机会在北师大接一门面向本科生的科学史课。机缘巧合，又在2018年秋季学期，在南方科技大学，按照我的构想，开设了一门科学与文明史概论。

这本小书，其实是一个意外。2016年秋季学期，刘孝廷教授给博士生开了一门科学史前沿研究课程，并邀请我共同参与。这其实是我第一次有机会系统地与同学讨论科学史问题。按照刘华杰的术语,这是一个二阶的科学史——它不是一本科学史的书,而是一本关于科学史的书。关于什么是科学史、怎么看科学史,乃至于怎么写科学史的书。

所谓教学相长,教书的过程,也是与学生们交流的过程。在这个过程中,我有机会了解现在的学生们是怎么想的。这些了解,常常让我感到意外。

时间是一维的,历史不是精准重复的。人总是很容易地按照自己的经验去理解他人,这是生物本能。我们自己都做过学生,不由自主地认为现在的学生也会有我们当年的思想经历。在教学中,也会默认某些东西是学生已经了解的。直到某一天,我忽然意识到,原来,我以为是基础的东西,学生并不知道;也有些我以为很重要、需要仔细讲的东西,已经没有那么重要了。

既然是博士生课程,又是前沿研究,不必照本宣科。我希望能把我对科学史及相关领域的一些基本问题的思考,与同学分享。这些思考是在多年的教学和学术实践中逐渐形成的,积累多年,一直没有专门写文章,正好趁这个机会,与同学讨论,获得直接的反馈。

我把这些基本问题梳理了一些,准备出五讲的内容。当然,这些问题又不限于科学史,也可以扩展到人文学术。人文学术基本功,是我此后另外要讲的课程。

从讲稿到书稿,原以为只需要简单地编辑一下就可以了,可一旦操作起来,作为一个完美主义者,就停不下来了。很多内容听录音觉得还不错,但是变成文字,逐一读下来,就觉得不够好,需要调整:有些例子觉得不够妥帖,需要替换;有些用词觉得不够严谨,需要斟酌;有些说法需要查证原始出处;有些地方需要增加注释;有些地方需要补充内容;有些地方需要推倒重写。

比如,讲课的时候,面对着具体的听众,说的是口语,有现场的鲜活感。但是整理成书,又要符合文字的逻辑。如何在口语的现场效果与文字的严谨性之间进行协调，颇费周折。

再如，现场讲课还具有时效性，会随手举一些刚刚发生的社会热点做例子。当时的课堂效果特别好，但是等书稿出版的时候，时过境迁，这个例子就未必恰当，如果继续使用，可能需要加注释；如果换一个例子，后面提到这个例子的内容也需要跟着调整。或者干脆弃之不用。这些处理，也很费心力。

书稿原计划15万字，实际成稿达到了18万字，大大超出了预期。事实上，在整理的过程中，发现了新的材料，有了新的观点，有很多内容是在整理的过程中新增的。

互联网时代，手机都是高清屏，要做一本图文并茂的书，难的不是无图可用，而是图太多，怎么选。实际上，由于国内图书美术编辑整体水平的提高，美化版式有多种途径，并不是一定要依靠图片，也不是图片越多越好。我在拣选图片时，也定了一个原则，一定要与内容相呼应、烘托，乃至发生化学反应。图片不仅仅要能对书稿的文字进行补充和说明，自身也要有独立的价值。

书中用了很多图书封面做插图，我尽可能地选择最早的或者最通行的那一版，这样，这个封面就不仅仅是一个"配图"，同时也具有历史文献的价值和意义。

再如，书中用了很多大科学家的头像。现在通过互联网，可以找到非常多的图像。但要尊重知识产权，要查看图片说明，了解图片的版权信息，也可以给网站管理员发电子邮件，获取授权。如果不能确定，宁可不用。本书从互联网上获得的图片有三种版权形式，分别做了标识：（1）public domain，符号 ⓟ，表示此图进入公众领域；（2）creative commom，符号 ⓒⓒ，这是一个协议，据此，可以有条件使用；（3）copyright，符号 ©，注明版权持有人，可以正当使用。

图片说明不是书稿的一部分，可以与内容不直接相关，但是放在一起，具有蒙太奇的效果。这就让图片本身成为全书的重要元素。本书部分图片及说明和书中内容有很多地方参考了维基百科的相关词条，并从中获得了丰富的线索，特此致谢。

作为一个业余摄影爱好者，我自己也积累了大量图片，拥有自主版权。2019年3月我曾经去意大利出差，为了本书的缘故，专程前往比萨，给比萨斜塔拍照。以后，再使用比萨斜塔的照片，就可以从我自己的图片库里找了。

为了逻辑严谨，全书结构还在讲稿基础上做了大幅调整。首先，听从了范春萍教授的建议，考虑更广泛受众的需求，调整了次序，将原第一讲"中国科学史学术地图"移到书末，作为最后一章。其次，为了保持各章体量的均衡，第三章的内容原本是前一章中的几小节，增加了一些内容后，单独辟为一章。

感谢邀请我参与此课程的刘孝廷教授。

感谢这门课上的同学，邱实、蔚蓝、李亚娟、刘莉源、张冬妮、姚禹、吕宇静、马骁帅、秦晨菲，以及尼泊尔留学生古马尔等，与他们的讨论构成了这本小书的一部分，他们的提问也常常促使我思考新的问题。

感谢我和华杰的学生杨雪泥，帮助我把录音整理成文字，并做了初步的校对工作。雪泥在北师大跟我作本科学位论文，现在在北大跟华杰读硕士，即将毕业。在本科阶段，她的思想和文字就已经很成熟了。她的本科学位论文以观鸟活动中的听觉为对象，讨论了一个认识论的问题，也讨论了一个博物学的基础属性问题，在理论和实践上都具有原创性。

感谢北京市科委科普专项资助对本书出版的支持，并感谢立项方对出版延迟的宽容，这使本书得以以更好的状态呈现。

感谢潘岳女士，在课题申请之初伸出援手。希望将来有机会，可以达成深度合作。

感谢本书的专家委员会成员：董光璧先生、陈久金先生、刘钝先生、江晓原先生、吴彤先生、刘晓力教授、刘兵先生、王一方先生、刘孝廷先生、刘华杰先生。

感谢资深科普专家邱成利先生、詹琰教授、范春萍教授、尹传红先生对本书的关注和关心。

感谢资深科普专家赵萌女士、赵颖华女士、朱菱艳女士、晏燕女士、严俊女士对本课题提出的宝贵意见。

感谢我的陈年老友刘华杰为本书提供几幅他拍摄的图片。

感谢北京科委张熙女士在项目进行过程中付出的辛劳。

感谢我的学生高荣梅、高媛、蔚蓝、李轶璇、傅梦媛等在本书的人名核对、插图、资料检索等方面付出的劳动和智慧,以及在课题的事务性工作上付出时间和耐心。

感谢本书的责任编辑徐国强先生对这本小书的高度认可、精心的编辑,以及在课题申请、评审和结题时所付出的额外劳动。

生命有限,时间有限,一个人一生能够做的事情是有限的。希望我的下一部著作能够更从容一些。

2019年8月19日

2019年8月21日

2019年8月27日

云与鸟的乐园